Ines Imdahl

Werbung auf der Couch

Ines Imdahl

Werbung auf der Couch

Warum Werbung Märchen braucht

HERDER

FREIBURG · BASEL · WIEN

Für Jens
und unsere Kinder
Nils, Tilman, Lina und Levy

MIX
Papier aus verantwor-
tungsvollen Quellen
FSC® C083411
www.fsc.org

Satz: Barbara Herrmann, Freiburg
Herstellung: CPI books GmbH, Leck

Die Grafik auf Seite 176 stammt von Ines Imdahl

Printed in Germany

ISBN 978-3-451-32967-8

Inhalt

Lila Kühe und der Tiger im Tank – magische Verwandlungssymbole 71 • Von charmanten und kuscheligen Bären ... 71 • ... von zarten Lila Kühen ... 74 • ... und dem Tiger im Tank 77 • Wie glaubwürdig ist die Glaubwürdigkeit? 79 • Wenn die Magie entzaubert wird: Die Kastration des Weihnachtsmannes 80

Einleitung

Warum uns die Werbung Märchen erzählen muss

Wie kommt es eigentlich, dass uns manche Werbung an die Couch fesselt und andere nur ein müdes Gähnen verursacht? Weshalb verfolgen wir fasziniert vollkommen unrealistische Geschichten wie die Verwandlung einer hübschen Freundin in einen Fußball-Helden und lehnen realistische Putzszenen als übertrieben ab? Wieso können sich Werbesprüche wie »*Haribo* macht Kinder froh ...« sogar bei Werbemuffeln ein Leben lang festsetzen, während es andere nicht einmal für zwei Minuten in unser Kurzzeitgedächtnis schaffen? Wie schafft es Werbung, uns wirklich zu berühren in einem Umfeld, das uns doch die meiste Zeit nervt?

Unser Verstand sagt uns beispielsweise, eine solche Verwandlung gibt es doch gar nicht. Nur hören wir nicht auf ihn, sondern geben uns fasziniert dem Werbemärchen hin. Sicherlich nicht alle, aber doch viele von uns. Denn durch die Verwandlung wird eher unser Seelisches[1] als unser Verstand angesprochen. In unserem Seelenleben gibt es solche Verwandlungen nämlich durchaus. Das kann man schon in den alten Geschichten unserer Kultur, den Märchen, lesen: Wo Prinzen in Frösche und Bären verwandelt werden. Wo böse Zauber funktionieren und es von Versteinerungen glückliche Erlösungen gibt. Wenn wir Märchen lesen, haben wir damit ebenfalls kein logisches Problem.

Der *Haribo*-Claim – Claim ist der Fachbegriff für einen Spruch am Ende von Werbung – entfaltet auf unbewusster

Ebene eine ähnliche, märchenanaloge Wirkung. Er berührt unsere Herzen mehr, als wir ahnen. Ansprechende Formulierungen zum Nachsprechen mögen wir nämlich schon lange. Wir kennen sie ebenfalls aus den Märchen. Wir sehnen uns nach solch treffenden Zusammenfassungen, auf die sich nicht nur der Verstand einen Reim machen kann, sondern deren Rhythmus auch unser Herz höher schlagen lässt. Kaum jemand, der nicht »Knusper, knusper Knäuschen« oder »Spieglein, Spieglein an der Wand ...« sein Leben lang im Kopf oder besser in der Seele behält.

Verstandesmäßig durchdringen wir die Botschaft von *Hänsel und Gretel* oder *Schneewittchen* dabei durchaus nicht jedes Mal. Müssen wir auch nicht. Wir verstehen die Botschaft auf emotionaler und seelischer Ebene. Und wir können sie uns immer wieder ins Gedächtnis rufen, wenn wir sie gerade einmal benötigen. Um uns zum Beispiel deutlich zu machen, wie oft es im Leben wie in *Schneewittchen* um Neid, Konkurrenz und Schönheit geht.

Wir wissen auch: »Etwas Besseres als den Tod findet man überall.« Das gilt im eigentlichen Sinne auch für die Werbung. Würde sie sich die Prinzipien der Märchen häufiger zu Nutze machen, könnte sie uns auch viel öfter berühren und faszinieren. Meist aber nervt oder langweilt sie uns und wir wünschen sie oft genug dahin, wo der Pfeffer wächst. Nicht zuletzt deswegen, weil sie uns keine echten tiefgründigen Werbemärchen erzählt. Stattdessen will sie uns oftmals einfach nur einen Bären aufbinden.

Märchen hingegen sind für unser Seelisches auf eine verrückte Art und Weise wahrhaftig. Jenseits einer glattgebügelten und oft langweiligen Werbeglitzerwelt packt uns Werbung, wenn sie grundlegende Lebensverhältnisse, existenzielle Dilemmata und zeitgemäße Werte aufgreift –

wie Märchen es tun. Wahrhaftigkeit für den menschlichen Seelenhaushalt ist etwas ganz anderes als realistische Abbildungen unserer Welt, unserer Familien oder unseres Berufslebens. Selbst wenn wir diese Szenarien aus dem persönlichen Alltag kennen, finden wir unser Inneres in solchen Hülsen nicht wieder. Die Kunst der Märchen und guter Werbung hingegen ist es, unsere Emotionen, unsere Konflikte und wiederkehrenden Lebensthemen in eine berührende Erzählform zu bringen, die uns auf seelischer Ebene Lösungen anbietet. Viel stärker, als wir meinen, wird unser Seelisches von irrationalen Geschichten angesprochen, die unser Inneres symbolisch aufgreifen und sichtbar machen. Ist Werbung in diesem seelischen Sinne wahrhaftig und real, dann hat sie große Chancen uns zu berühren.

»Es war einmal« für Jedermann

Und so hätte dieses Buch eigentlich mit »Es war einmal« beginnen müssen. Denn wenn man etwas über Werbung und Märchen schreibt, stellt sich bald die Frage nach der Form. Bücher zur Werbewirkung gibt es eine Menge. Und vielleicht heißen sie auch zu Recht Sach- bzw. Fachbücher. Sie beschäftigen sich mit der AIDA-Formel und wollen mit Zahlen, Statistiken und Algorithmen zeigen, wann Werbung erfolgreich ist. Das kann durchaus interessant sein, lässt aber zentrale Ebenen der Werbewirkung außer Acht. Bei der Sache zu bleiben heißt eben nicht selten, das Emotionale und das Seelische zu übersehen. Das fängt schon mit dem Nervigen an. Kaum einmal wird berücksichtigt, warum und wann Werbung nervt. Ist das wirklich immer die Werbung an sich oder doch eher die Häufigkeit? Genauso wenig wird hinterfragt, warum eine

Werbung uns wirklich bewegt – jenseits dessen, dass wir uns einfach gut an sie erinnern können –, und warum nicht. Ob wir uns etwas merken, hat aber fast immer damit zu tun, wie relevant es in seelischer Hinsicht für uns ist. Und weniger damit, wie oft wir es eingetrichtert bekommen. Das wissen wir schon, seit wir in der Schule Lateinvokabeln oder Matheformeln pauken mussten.

Dieses Buch will nicht bei der »Sache« bleiben, sondern sich mit seelischen Wirklichkeiten zum Thema Werbung beschäftigen. Allein über die Werbung zu schimpfen ist nicht die Intention des Buches. Obwohl das manches Mal zwingend erforderlich wäre. Aber es sollen vor allem unterhaltsame Geschichten mit Tiefgang erzählt werden, wie es wohl bei einem psychologisch ausgerichteten Buch erwartet wird. Gute Werbung sollte eigentlich genau das auch tun: Geschichten erzählen, die uns faszinieren, die uns fesseln, über die wir schmunzeln, die wir weitererzählen oder in der heutigen medialen Welt eben liken, posten und twittern.

Manchmal kann man den Eindruck gewinnen, dass die Werbung nicht weiß, wie das Geschichtenerzählen funktioniert. Und dass sie auch vergessen hat, dass die Menschen es schon immer getan haben. In Form von Mythen, Fabeln und Märchen. Von Mund zu Mund und Generation zu Generation. Geschichtenerzählen ist eine seelische Grundtätigkeit. Und in der Zeit der modernen Medien könnten sie in noch schillernderer Form erzählt werden. Visuell und sinnlich, als Film im TV, im Kino, im Netz oder als Bilder in Zeitschriften und auf Plakaten in den Städten. Denn auch ein Bild sagt mehr als 1.000 Worte.

Die parallele Wirkweise von Werbung und Märchen zieht sich als Erkenntnis durch meine über 20-jährige psychologische Forschungsarbeit im *rheingold salon* und der *rheingold Gruppe*. Davon soll hier erzählt werden. Die Werbung als Märchengeschichte zu begreifen, zeigt, wie viel mehr möglich wäre. Wie wunderbar und wundervoll die Werbewelt sein könnte, jenseits von oberflächlichen Glitzerwelten. Wie und warum uns Werbe-Wunder-Welten berühren, können wir jedoch genauso wenig unmittelbar in Worte fassen wie bei den Märchen. Wir erahnen eher, was uns bewegt.

Das »Warum« aber kann man in tiefenpsychologischen Befragungen aufspüren. Indem man die Werbung quasi auf die Couch legt.

Werbung auf der Couch

Natürlich kann man die Werbung nicht selbst befragen. Und auch die Intention der Werbemacher ist nicht wirklich relevant für die Werbewirkung. Sie ist ja auch nicht ausgeschildert und kann beim Werbung-Schauen nicht mitgeliefert werden. Wichtig ist, was Werbung auslöst und was den Menschen durch Mark und Bein geht. Denn was ihnen durch den Kopf geht, ist weniger ausschlaggebend für die Wirkung – beziehungsweise schon das Resultat eines umfassenden Erlebnisprozesses.

In den über 5.000 Befragungen, die die *rheingold Gruppe* jährlich durchführt, wird dieser Erlebnisprozess rekonstruiert. In sehr persönlichen, anonymen Settings wird sich Schritt für Schritt zu den normalerweise vorbewussten Zusammenhängen vorgearbeitet. Zuerst schildern die Menschen ihren »spontanen« Eindruck. Danach wird das Zustandekommen des Erlebten analysiert. Szene für Szene soll zunächst aus dem Gedächtnis beschrieben werden.

Die jeweiligen Bedeutungen von Handlungen und Settings, von Farben, Formgebung und Musik werden mit speziellen Befragungstechniken ergründet, bis verständlich wird, wie die Gesamtgestalt zustandegekommen ist. Denn der vermeintlich erste Eindruck ist ein Produkt eines hochkomplizierten seelischen Prozesses. Er ist eigentlich schon das abschließende kritische Urteil. Die Emotionen haben bereits eine rationale Bearbeitung erfahren. Alle Widersprüche sind geglättet, alle seelische Regungen verarbeitet und abgehakt. Mit tiefenpsychologischen Befragungsverfahren werden die widerstrebenden, unangenehmen und zum Teil unlogischen Empfindungen zu Tage gefördert. Denn das Seelische funktioniert nicht logisch, sondern ist geprägt von Widersprüchlichem.

Das wird uns im Alltag allerdings nur manchmal und kurz bewusst: Wenn wir rauchen und gleichzeitig aufhören wollen. Wenn wir uns nicht zwischen Schokolade und Diät entscheiden können. Oder ganz besonders wenn Gefühle rund um Liebeskummer und Trennungen mit uns Karussell fahren. Dass wir Menschen mindestens »zwei Seelen in unserer Brust« haben, ist eine der Grundannahmen der Morphologischen Psychologie.[2] Unser Empfinden und Erleben ist von Ambivalenzen geprägt, mit denen wir ständig und täglich einen neuen Umgang finden müssen: ausbalancieren, vermitteln oder uns auf eine Seite schlagen, immer aber auseinandersetzen. Diese gleichzeitig vorhandenen unterschiedlichen Tendenzen und Neigungen der Menschen finden sich auch bei der Werbewahrnehmung. Sie aufzuspüren und zu verstehen, wie Bewertungen von Werbung zustande kommen, ist die eigentliche Bedeutung einer (Werbe-)»Analyse«. Nicht selten wird dabei Überraschendes zu Tage gefördert.

Eine strenge Dame, die in ihrem blauen Kostüm und mit Dutt wie eingeschnürt wirkt, kommt zum Beispiel bei den Frauen als Werbeträgerin gar nicht gut an. Das einheitliche Urteil lautet: unsympathisch. Sie erinnert an Fräulein Rottenmeier aus dem Roman *Heidi* von Johanna Spyri. Niemand will mit ihr befreundet sein oder sie kennenlernen. Sie zeigt keinerlei Gefühle und geht anscheinend zum Lachen in den Keller. Seinerzeit präsentierte sie eine neue Damenbinde: *Always*. Sie führt einen Dichtigkeitsbeweis durch, indem sie reichlich blaue Flüssigkeit auf das Hygieneprodukt schüttete. Wenig überraschend: *Always* besteht mit Bravour. Die sterilen und undurchdringlichen Eigenschaften wirken bei einer Frau – hier der Gouvernante – wenig sympathisch. Aber diese Inszenierung vermittelt hervorragende Attribute für eine Damenbinde: undurchlässig, dicht und geruchsneutral. Fräulein Rottenmeier ist die menschgewordene Damenbinde. Genau das verstehen die Frauen unbewusst. Und das Produkt war eine der erfolgreichsten Neueinführungen im Hygieneartikelbereich, obwohl die Frauen den Spot auf den ersten Blick nicht einmal mochten.

Durch die Zerlegung des Erlebnisprozesses wird deutlich, wie Werbung funktioniert. Und dass es neben der nacherzählbaren bewussten Ebene – der sogenannten Cover-Story, die als Deckgeschichte fungiert – eine zweite Ebene gibt, die die eigentliche Überzeugungsarbeit übernimmt. Von dieser tieferen und eher vor- und unbewusst wirksamen Ebene[3], der Impact-Story, hängt viel mehr ab als von der rationalen Ebene. Dabei muss die bewusste Ebene noch nicht einmal zwingend sympathisch sein, damit die Werbung im Ganzen überzeugt. Packt uns das Darunterliegende mit einer motivationalen Ansprache[4] für die

Produktverwendung oder noch weiterführend mit relevanten Lebensthemen und zeitgemäßen Werten (beides finden wir auch in den Märchen), dann sind wir berührt. Meist ohne auf Anhieb genau sagen zu können, warum.

Weil wir aber nicht immer genau wissen, wo uns die Werbung packt, fühlen wir uns ausgeliefert – und das mögen wir nicht. Genauso wenig wie das Gefühl ihr ständig und überall ausgesetzt zu sein und uns ihren »Attacken« nicht entziehen zu können. Wir setzen uns nur ungern mit Werbung auseinander und wollen uns noch weniger von ihr beeinflusst wissen. Dabei finden wir Werbung auch an Stellen, wo wir sie vielleicht nicht immer vermuten. Damit beschäftigt sich das nachfolgende Kapitel.

Des Weiteren wird die morphologische Märchenanalyse als Basis herangezogen, um die Werbung psychologisch zu betrachten. Denn wie unser Seelenleben funktioniert, was es wahrnimmt, wie es das Wahrgenommene einordnet, wie es angesprochen werden kann und wie es reagiert, funktioniert im Prinzip immer nach den gleichen Regeln – ob auf der Couch oder im realen Leben. Die Werbung unter dem Blickwinkel der Märchenprinzipien zu betrachten, hilft sie zu verstehen oder sie besser zu machen. Es könnte auch zu mehr Spaß am Machen und hoffentlich auch am Schauen der Werbung verhelfen. Legen wir sie also auf die Couch – unter dem zusätzlichen Blickwinkel der Märchen und ihrer Bedeutung.

Kapitel 1

Werbung überall?
Wie die Werbung unseren Alltag prägt

»Von der Werbung lasse ich mich nicht beeinflussen«

... ein Satz, den man im Alltag reichlich oft hören kann. Und obwohl ja wirklich jeder zumindest irgendeine Werbung kennt, schauen einige »eigentlich nie Werbung«. Oder besitzen noch nicht einmal einen Fernseher. Fakt ist, für viele Menschen ist Werbung ein rotes Tuch. Ihr haftet ein fieser Beigeschmack an. Werbung, so häufig das allgemeine Urteil, verhält sich hinterhältig und will uns heimlich manipulieren. Zumindest haben wir oft dieses Gefühl. Sie will uns etwas andrehen, das wir gar nicht haben wollen. Und sie nervt uns auf beinahe aggressive Weise durch ihre Omnipräsenz: wenn wir unseren Briefkasten öffnen, wenn wir den Fernseher oder den Computer einschalten, wenn wir durch die Stadt fahren oder in Zeitschriften blättern.

Wir haben kein entspanntes Verhältnis zur Werbung. Im Gegenteil. Als aufgeklärte Menschen ist es uns sehr wichtig, nicht auf solche werblichen Manipulationen hereinzufallen. Wir wollen unsere Kaufentscheidungen selbstbestimmt fällen. Entsprechend häufig wird deswegen auch der Satz »Ich kaufe das aber jetzt nicht wegen der Werbung« geäußert. Wenn wir eine Werbung besonders schlecht oder nervig finden, distanzieren wir uns sogar bewusst von einem Produkt, das wir möglicherweise sonst interessant gefunden hätten. Für manche war Praktiker und die »20 % auf alles« ein solches Beispiel. In jüngster Zeit leiden einige auch unter dem *Seitenbacher*-Müsli-Verfolgungswahn. Es ist eines der am häufigsten erwähnten Negativ-Beispiele. Dabei ist die Idee von naturnahen Produkten eigentlich zeitgemäß. Die durch den Inhaber vermittelte ideologische, befehlstonartige Ausschließlichkeit »Jetzt isst Du das« schafft für viele Orientierung und findet ihre Zielgruppe. Zugleich schreckt sie manche auch so sehr ab, dass sie das Produkt niemals kaufen würden. Immerhin, bei *Seitenbacher* haben die Menschen nicht das Gefühl »heimlich« manipuliert zu werden.

Diese Sorge aber, von der Werbung trotz aller Gegenwehr unbemerkt manipuliert zu werden, manifestiert sich unter anderem in den Erzählungen von angeblichen Werbeexperimenten, die im Kino in großem Stil stattgefunden haben sollen. Auch wenn viele Menschen sich von der Werbung distanzieren wollen, haben sie doch viel von den Machenschaften der Werbeindustrie gehört. Zum Beispiel davon, dass kaum wahrnehmbar Sequenzen von *Coca-Cola* oder von bestimmten Eiscrememarken inmitten von (Kino-)Filmen gezeigt werden, um den anschließenden Verkauf zu steigern. 1957 berichtete der Journalist Vance Packard in seinem Buch *Die geheimen Verführer* von solchen nicht bewusst wahrnehmbaren Werbeeinblendungen. Vermutlich hat es diese Experimente und Studien nie gegeben. Vielmehr wollte eine bis dahin unbekannte Werbeagentur mit dieser »neuen« Werbetechnik Kunden gewinnen. James M. Vicary behauptete, damit allein bei Popcorn den Verkauf um rund 58 Prozent steigern zu können. Was als Werbung für die Werbung geplant war, hat das Gegenteil bewirkt. Diese diffuse Vorstellung von der heimlichen Werbung, der wir ungewollt ausgeliefert sind, hat stattdessen das negative Bild der Werbung in unseren Köpfen mit geprägt.

Fortgesetzt wird die Vorstellung der heimlichen Werbe-
manipulationen sicher auch durch Schleichwerbung und
Produktplatzierungen. Zwar ist ersteres verboten und nur
letzteres erlaubt, aber aus wahrnehmungspsychologischer
Sicht verschwimmen die Grenzen. Laut Gesetz müssen
Produktplatzierungen gekennzeichnet sein. Liegt keine klare Kennzeichnung vor, muss die Waren- und Dienstleis-
tungsdarstellung nach den Kriterien des Schleichwerbever-
bots geprüft werden. Viele wissen noch, wie peinlich genau
Moderatoren der alten Samstagsabendshows darauf be-
dacht waren, Schleichwerbung zu vermeiden. Schon die Er-
wähnung eines Produktes konnte problematisch werden.
Der Tanz um den heißen Brei wirkte zum Teil sehr ver-
krampft. Umgekehrt ist es heute seltsam, wenn komplette
Sendungen hindurch »Unterstützt durch Produktplatzierungen« eingeblendet ist. Bei einer der ersten »Dauer-
werbesendungen« *TV total* mag das noch lustig gewesen
sein. Inzwischen erkennt man nicht mehr wirklich wann
es in der Sendung um Produkte geht und wann die Inhalte
im Vordergrund stehen sollen. Für unser Seelenleben ist
auch das Schleichwerbung.

Es ist uns unheimlich, wenn die Werbung uns so manipulieren kann, dass wir es nicht mitbekommen. Auch die
jüngsten Stimmungs-Beeinflussungs-Versuche von Facebook sind ein solch unbehaglicher Angriff auf unser Unbewusstes. Facebook manipulierte Nachrichten, um zu verstehen, wie sich unsere Stimmung durch negative oder
positive Postings beeinflussen lässt.[5] Bekommen wir auch
schlechte Laune und reagieren unfreundlicher, wenn das
Umfeld uns negativ gesonnen ist? Für diese Versuche stand
Facebook zu Recht heftig in der Kritik. Denn den Gemütszustand von Menschen als etwas anzusehen, mit dem man

ungefragt experimentieren kann, ist mehr als verwerflich. Es ist respektlos, menschenverachtend und definiert die Psyche als den unwichtigen Teil unseres Daseins an. Dabei wissen wir längst, wie stark auch unsere physische Gesundheit durch unser Innenleben beeinflusset wird.

Solche Beispiele scheinen aber deutlich zu machen, dass es der Werbung vor allem darum geht, uns auf beinahe diebische Weise das Geld aus den Taschen zu ziehen.

Sind Werbung und ihre Methoden also grundsätzlich unanständig? Ist sie ein Teil der Wirtschaft, der mit uns eigentlich gar nichts zu tun hat? Ein unangenehmer Fremdkörper, dessen wir uns am liebsten entledigen würden? Ganz so einfach können wir es uns nicht machen. Denn die Werbung ist etwas, das uns von Natur aus innewohnt, ähnlich wie das Geschichtenerzählen und das Erfinden von Märchen und Mythen; etwas, ohne das wir nicht sein können.

Wir können nicht nicht werben

Klar ist, auch ohne diese Negativbeispiele lässt sich nicht leugnen, dass Werbung ein Ziel hat. Sie will uns überzeugen: von einem Produkt, einer Marke, einem Kauf oder einer Handlung. Vom Blutspenden zum Beispiel oder davon, die öffentlichen Verkehrsmittel zu benutzen. Tatsächlich ist es nicht immer ein Kauf, auf den die Werbung hinaus will. Jeder Mensch wirbt. Aus psychologischer Sicht beschränkt Werbung sich nicht auf den kommerziellen Bereich. Werben ist vielmehr Grundbestandteil unseres Tuns und der menschlichen Kommunikation überhaupt. Wir alle werben quasi täglich und stündlich. Immer und überall. Wir werben um unsere Partner, unsere Mitarbeiter und Freunde.

Nicht nur, um sie als Lebensgefährten oder Kollegen zu gewinnen, sondern auch für ein lebenslanges Zusammensein, ein freundliches Wort, kleinere und größere Unterstützungen. Für unsere Meinungen, Positionen, Werte und Weltanschauungen werben wir in jedem Gespräch und mit jedem Satz, ja sogar mit jeder Geste, jedem Lächeln. Sogar das fehlende Lächeln, der zornige Blick kann Werbung sein. Auch negative Werbung ist Werbung.

Unsere Kinder versuchen wir geschickt und nicht selten manipulativ davon zu überzeugen, sich die Zähne zu putzen. Gesunde Zähne als »Kaufanreiz« für das Zahnputzargument wirken dabei oft viel weniger als die Drohung, nicht Pilot werden zu können, wenn das Gebiss frühzeitig herausfällt. Auch unser Haus auf dem Land, unsere Wohnungseinrichtung und der Kleidungsstil – alles Werbung für unsere Art zu leben. Gleichzeitig werben wir dafür, auf eine bestimmte Art wahrgenommen zu werden. Wir möchten, dass andere uns in einem bestimmten Licht sehen, etwas Bestimmtes von uns denken. Das ist echte Imagewerbung. Dabei betreiben wir ständig genau die Art von Manipulation, die wir der kommerziellen Werbung manchmal vorwerfen.

Werben ist im eigentlichen, durchaus positiven Sinne der Versuch, zu beeinflussen oder eben auch zu manipulieren.

Das älteste Gewerbe der Welt

Entgegen anderslautender Vermutungen ist also nicht die Prostitution, sondern die Werbung das älteste Gewerbe der Welt. Bevor es überhaupt zu einem bezahlten Akt zwischen Menschen kommen kann, muss mindestens einer der beiden, in der Regel der weibliche Part, werblich auf sich aufmerksam machen. Werbemittel sind hier oft High Heels und Hot Pants, vor allem aber das fleischliche Kapital. Insbesondere dieses soll den in der Regel männlichen Part in der Weise manipulieren, dass gekauft wird. Gott sei Dank meistens nicht die Frau im Ganzen, aber doch den Körper für eine bestimmte Dienstleistung in einem begrenzten Zeitraum.

Die Werbung steht am Anfang von so ziemlich allem. Ohne Werbung geht eigentlich nichts. Gerade das Liebeswerben gab es schon, bevor wir von kommerzieller Werbung in heutiger Form wussten. Bereits in dem Ausdruck Ge-Werbe steckt immer schon die Aufforderung »werbe«!

Und wenn wir uns anschweigen? Nun, dann sind wir bei Paul Watzlawicks berühmter Erkenntnis: Man kann nicht nicht kommunizieren.[6] Sie lässt sich mühelos auf die Werbung übertragen. Denn auch wenn wir nichts sagen, werben wir für eine Haltung. Zum Beispiel ist dann Schweigen Gold und Reden nur Silber. Auch eine Marke, die bewusst auf Werbung verzichtet, betreibt eine bestimmte Form der Werbung. Manchmal gilt sogar für die Vermarktung von Produkten das Sprichwort »weniger ist mehr«.

Selbst wenn wir es wollten, können wir nicht nicht werben. Und das ist auch wirklich gut so. Denn das älteste Gewerbe der Welt trägt letztlich wesentlich zum Fortbestand der ganzen Menschheit bei. Nicht nur in physischer Weise. Vielmehr ist Werbung eine menschliche Kommunikationsform, die unsere gesellschaftlichen Werte, Träume, Mythen und Einstellungen zum Ausdruck bringt und somit letztlich auch unsere Kultur am Leben erhält.

Die eigene Haut zu Markte tragen

Menschen werben immer für sich selbst. Unmittelbar einleuchtend sind hier die üblichen Statussymbole wie Autos, Häuser, Boote. Sie sollen ausdrücken, was man erreicht hat, aber auch, dass es einem wichtig ist, Erfolg zu haben. Durch ihren Kleidungsstil, durch ihre Frisur, Brille oder Kontaktlinsen, durch Make-up oder den Verzicht darauf zeigen Menschen, wie sie wahrgenommen werden wollen. Wenn sie Pelz vermeiden oder immer dem neuesten Trend folgen, ist auch das Werbung für ihre Persönlichkeit. Mit Tattoos lässt sich dauerhaft ausdrücken, was einem wichtig ist. Die Zeiten, in denen tätowierte Menschen entweder Rocker, Seemänner oder »Knackis« waren, sind längst vorbei. Quer durch viele Milieus und Bildungsschichten nutzen Menschen ihre eigene Haut zur persönlichen Außenwerbung. Bunter, ausgefallener und größer werdend zieren Rosen, Totenschädel, Kinder- und Familienbilder sowie mehr oder weniger sinnige Schriftzeichen aus dem asiatischen Raum die äußere Hülle. Während das ehemals beliebte Arschgeweih an Attraktivität verliert, findet man inzwischen auch bei kräftig muskulösen Männern an prominenter Stelle ein dickes »Mama« eingraviert.

Wieso lassen sich immer mehr Menschen freiwillig tätowieren? Tätowierungen waren einmal Zeichen für Rebellion und Anderssein. Mit ihnen sollte bewusst gegen Normen und Regeln protestiert werden. Man wollte für ein alternatives Leben werben in einer Zeit, in der jeder Tag dem gleichen Rhythmus folgte und mittags gegessen wurde, was auf den Tisch kam. Heute hingegen hat der Alltag heute für viele Menschen kaum noch Regelmäßigkeiten. Das merkt man schon daran, wenn man versucht, sich mit seinen Kollegen und Kolleginnen zum Mittagessen zu verabreden. Die Einigung auf Zeit und Restaurant ist schon schwierig genug. Schier unlösbar aber wohl die Festlegung auf ein einziges Gericht. Was einmal Freiheit von alten Zwängen und spießiger Moral bedeutete, wird jetzt als Mangel an Sicherheit, Konstanz und Beständigkeit erlebt.

In gewisser Weise werben Tattoos immer noch für ein alternatives Leben. Nur sieht dieses heute bezogen auf den eigenen Alltag ganz anders aus als früher. Das Alternative ist heute Konstanz und Verlässlichkeit. Diese Sehnsucht nach Beständigkeit drücken Tätowierungen aus. Entsprechend sind sie seltener als früher Jugendsünden, sondern Ergebnis reiflicher Überlegungen auch im fortgeschrittenen Alter. Ausgewählt als Motiv wird heute eher, was für die Menschen unvergänglich wichtig ist und ihnen eben wohl auch in ferner Zukunft noch unter die Haut geht. Liebhaber und Geliebte sind das kaum, denn die können zu schnell wechseln. Stattdessen sieht man Bilder der eigenen Kinder, des verstorbenen Bruders oder eben schlicht den Schriftzug »Mama«. Allgemeinere Motive wie Rosen, Sterne, Geburtsdaten, asiatische Schriftzeichen können darüber hinaus persönliche Werte symbolisieren, die man in seinem Leben für unvergänglich hält. Ein Tattoo selbst ist es dann letztlich ebenfalls. Es gibt den Menschen, wie in dem Lied der Band *Silbermond* besungen, zumindest »irgendwas, das bleibt« – in einer Zeit, in der nichts sicher zu sein scheint. Dafür wollen wir im Moment Werbung machen und einstehen. Und eigentlich möchten wir darüber hinaus, dass Marken und Unternehmen uns ebenfalls solche Beständigkeit liefern.

Das tun sie aber meistens nicht. Nur wenige Marken wie *Marlboro*, die gefühlte Dekaden mit ihrem Cowboy unterwegs war, bevor sie zu einer unentschlossenen »Maybe«-Marke wurde, oder die »Perle der Natur« alias *Krombacher* lieferten jahrelang ein konsistentes Bild. Die allermeisten Marken wechseln hingegen ihre Werbestrategien fast wie wir unsere Wäsche. Konstante Prägungen unserer Meinungen und Haltungen kommen daher nicht selten von ganz anderer Stelle.

Heimliche Werber: Kirche und Politik

Konstante Haltungen liefert uns beispielsweise die Kirche. Trotz Mitgliederschwund gelingt es ihr noch immer, die Meinungs- und Wertebildung in Deutschland entscheidend mitzuprägen. Die Kirche ist, auch wenn wir es oft nicht merken, eine der größten und dominantesten Werbetreibenden überhaupt. Kaum ein anderes Unternehmen kann auf eine über 1.000-jährige Werbegeschichte zurückblicken. Anders als bei der vermeintlich »echten« Werbung schützen wir uns aber noch nicht einmal richtig vor den scheinbar harmlosen, wenn auch etwas gestrig wirkenden Werbesprüchen der Kirche. Wir nehmen sie als Werbung gar nicht richtig wahr. Aber dann – schwupp – sind wir doch in einer bestimmten, von der Kirche mitgeprägten Richtung unterwegs und wissen nicht einmal, wie wir zu so mancher Einstellung gelangt sind. Viel extremer als bei fast jeder Werbung in den Medien verpasst die Kirche uns regelrechte Tatoos in den Kopf. Und sie macht das mit zwei zentralen Mitteln: einer klaren Einteilung in Richtig und Falsch, die den Menschen Orientierung verschafft, sowie der heimlichen Implementierung einer Werbeikone, die man scheinbar nicht ganz ernst nehmen muss.

Bis zu seiner Abberufung in den Ruhestand war der Kölner Kardinal Meisner einer der besten Werbeträger für die Vermittlung der kirchlichen Werte. So wollte er zum Beispiel, dass Frauen ermutigt werden, drei, vier Kinder auf die Welt zu bringen und dann zu Hause zu bleiben. Im Nebensatz ließ er fallen, dass den Frauen der ehemaligen DDR eingeredet wurde, sie seien dement, wenn sie nicht arbeiten gingen.[7] Kardinal Meisner war damals 79. Immerhin könnte auch er zu diesem Zeitpunkt etwas vergessen haben: Dass Frauen in der ehemaligen DDR im Schnitt mehr Kinder bekamen, als sie es hier und heute tun. Und wenn es vielleicht auch ansonsten nicht viel Gutes gab, die Vereinbarkeit von Familie und Beruf war dort eher gegeben als im goldenen Westen.

Aber es gelang der katholischen Kirche mit Kardinal Meisners Aussage, Aufmerksamkeit zu erregen, immerhin eine wichtige Werbewirkungskomponente. Provokation ist manchmal eine zweite. Die Welle der Empörung zeigte dies deutlich. Ihr stand allerdings eine fast ebenso große Zustimmung gegenüber. Knapp die Hälfte der *Bild*-Leser stimmte dem Kardinal zu, die anderen 52 Prozent lehnten seine Äußerungen ab.[8] Zwar sind weder *Bild*-Leser noch *Bild*-Online-Befragungen repräsentativ für die Gesamtbevölkerung, aber das Ergebnis zeigte doch, wie weit Deutschland noch von einem in unseren Nachbarländern bereits selbstverständlichen Frauen- und Mutterbild entfernt ist. Immer noch sind Frauen Rabenmütter, wenn sie trotz Kindern frühzeitig wieder arbeiten. Immer noch glauben auch viele Frauen spätestens wenn sie ihr erstes Kind haben, sie seien das Beste für ihr Kind – und selbst der Vater nur das Zweitbeste.[9] Sie haben ein schlechtes Gewissen, wenn sie beides wollen. Kinder und Karriere. Sie haben auch ein schlechtes Gewissen, wenn sie sich nicht um die Kinder kümmern. Ein Gewissen aber wird psychologisch betrachtet immer durch die Normen einer Gesellschaft entwickelt und geprägt. Die Gewissensbildung verläuft von Kindesbeinen an unbewusst. Durch die Medien, durch die Äußerungen der Kirche oder auch andere öffentlichen Instanzen werden Gewissen und Gewissensbisse mitgeprägt. Letztlich fühlt es sich an wie ein Teil von uns selbst und wird zum eigenen Gewissen. Zu unseren unverrückbaren Tätowierungen im Kopf. Dass ein »kirchlicher Würdenträger« dazu beigetragen haben könnte, das wollen wir gar nicht wahrhaben. Aber er zwingt uns, uns dafür oder dagegen zu entscheiden. Sogar die Medien lassen sich darauf ein: Sie starten Umfragen, wer diese Haltung richtig findet und wer falsch – und sie akzeptieren damit unbewusst bereits das von anderer Stelle gesetzte Wertesystem.

Kirchliche (Werbe-)Ikonen

Aus psychologischer Sicht war Kardinal Meisner eine der bekanntesten und zuverlässigsten Werbeikonen der katholischen Kirche. Zwar wurde sich hier und da, meist etwas halbherzig, von seinen Äußerungen distanziert, aber die klare Position des Kardinals wusste die Kirche durchaus zu schätzen. Denn diese sorgte nicht nur für Aufmerksamkeit, sondern vermittelte im Kern auch die tragenden Werte der Kirche – und die Fundamente unserer Gewissensbildung.

Bevor Kardinal Meisner sich aus seinem Amt verabschiedete, hat er dann noch einmal einen seiner berühmt-berüchtigten Kommentare zum Besten gegeben. Eine Familie der konservativen Glaubensgemeinschaft *Neokatechumenaler Weg* sei ihm lieber als fünf muslimische Familien.[10] Freilich ruderte er nach empörten Aufschreien der

Politik und der muslimischen Verbände zurück und beschreibt seine Wortwahl – wohlgemerkt nur diese! – als unglücklich. Aber die Botschaft bleibt: Auch wenn man als christlicher Kardinal letztlich nichts gegen muslimische Familien haben darf (das wäre auch unchristlich), gilt es doch, christliche Werte durch die möglichst große Anzahl christlicher Familien zu erhalten und zu verbreiten. Das muss ein christlicher Kardinal eigentlich so sehen, will er glaubhaft eine Führungsposition in dem Unternehmen Kirche bekleiden. Von anderen Führungskräften in der Wirtschaft wird ebenfalls erwartet, dass sie an einen klaren Mehrwert des eigenen Produktes glauben.

Bedenklich ist aber, wie die vermittelten Werte auf die derzeit auch anderweitig geschürten Befürchtungen der Deutschen treffen. Kardinal Meisner griff die neu erstarkte Grundangst vor Überfremdung auf und spielte sehr konservativen Haltungen rund um Familien- und Zuwanderungspolitik in die Hände. Oftmals wirkten die Slogans in Meisners »Werbeauftritten« naiv oder gar unüberlegt. Gerade darin liegt das Geheimnis. Weil niemand an die Ernsthaftigkeit der Aussagen glaubte, wurde die Ernsthaftigkeit der Wirkung unterschätzt. Denn aus werbepsychologischer Sicht sind die Botschaften optimal vermittelt. Den gewünschten Gehorsam in der Kirche begründet er beispielsweise damit, dass Menschen schließlich zwei Ohren und nur einen Mund hätten. Das vermittelt klare hierarchische Werte und liefert einen gottgegebenen »Reason to believe« (Marketingfachbegriff für glaubwürdige Begründung einer Botschaft) gleich mit. Werbetexter könnten blass werden ob der pointierten, zuweilen komischen Kommentare. Bleibt zu hoffen, dass die Kirche zukünftig ähnliche Werbeikonen für eine moderate Image-Umpositionierung findet und wir somit offenere, neuere Werte mit auf den Weg bekommen.

Politisches Brainwashing

In der Werbung wird häufig davon geträumt, Menschen zu manipulieren. Sie zum freiwilligen Kauf eines Produktes zu bringen, ohne dass sie die Beeinflussung bemerken. Das gelingt in den seltensten Fällen. Gute Werber wissen inzwischen, dass falsche Versprechen langfristig schaden. Denn die Menschen sind kritisch und fragen bei der Werbung nach der dahinterstehenden Absicht. Auch ist Werbung meist als solche erkennbar, da sie in fast allen Fällen angekündigt und kenntlich gemacht wird.

In Kirche und Politik gelingt hingegen manchmal ein Brainwashing, von dem die Werbung nur träumen kann. Vor allem auch deswegen, weil wir uns der Beeinflussungsversuche gar nicht immer so bewusst sind. Anfang 2014 überzeugte ein CSU-Politiker in großem Stil die Nation, dass Armutszuwanderung eine große Gefahr für die Sozialsysteme in Deutschland darstellt. Die Kampagne gegen Bulgaren und Rumänen fiel auf erstaunlich fruchtbaren Boden.

Laut einer repräsentativen Umfrage hielten 46 Prozent der Deutschen und sogar 56 Prozent der Unionswähler eine harte Linie gegen die Zuwanderer für gerechtfertigt.[11] Obwohl sich eigentlich gerade in den letzten Jahren immer mehr Deutsche für die Zuwanderung ausgesprochen hatten, wie eine ARD-Studie belegt. Die Frage ist also wieder, wie funktioniert, was funktionieren soll. Ein klares und provokantes Statement führt dazu, dass die Welt geordnet wird: in Dafür und Dagegen oder in Gut und Böse. Die Medien spielen mit – und akzeptieren die gesetzten Regeln.

Die Kampagne von Horst Seehofer ist weder mit Daten, noch mit Fakten untermauert. Während jeder Joghurt sein Gesundheitsversprechen beweisen muss (das gilt nicht nur in der Lebensmittelbrache), dürfen in dieser »Kampagne« Menschen ungestraft als schädlich bezeichnet werden. Sie liefert keine Aufstellung, die zeigt, dass uns diese Menschen insgesamt mehr kosten, als sie an Zugewinn darstellen – in jeder Hinsicht. Sie schürt einfach Angst vor dem Fremden, dem Unbekannten, eben dem »Bösen«. Da bleibt nur ein Wunsch, und in Märchen hilft das Wünschen ja auch manchmal: Dass die absolute Mehrheit der Deutschen mit dieser Art von Kampagne genauso kritisch umgeht wie mit der sonstigen kommerziellen Werbung – kritisch und vor allem ablehnend. Fast immer, wenn die Möglichkeit besteht, für oder gegen etwas zu sein, wird massive Beeinflussung versucht. Es ist einfacher, den Menschen nur die Wahl zwischen zwei Möglichkeiten zu lassen, als eine differenziertere Auseinandersetzung zuzulassen. Dennoch ist dieser Zwang zur eindeutigen Entscheidung oft nur von kurzfristigem Erfolg gekrönt. Den Menschen ist dabei irgendwie mulmig zumute. Sie ahnen, dass etwas nicht mit rechten Dingen zugeht. In der kommerziellen Werbung wird das Mittel kaum noch genutzt. Denn anders als zu ihren Anfängen steht im Lebensmittel-, Finanz- oder Automobilbereich ganz offensichtlich beinahe immer mehr als eine Alternative zur Verfügung. Ein Blick in den Getränkefachhandel oder ins Joghurtregal zeigt das deutlich. Werbetreibende müssen sich daher wünschen, dass die Fans ihre Produkte lieben und sich freiwillig dafür entscheiden. Das tun sie auch, also das Wünschen. Dabei belassen sie es aber oft und gehen eher plumpe, dreiste und nervige Wege, die mit Umwerben oder gar Liebeswerben nichts zu tun haben. Das ist der falsche Weg, denn viele müssen sich angesprochen und berührt fühlen, um eine größere Mehrheit hinter sich zu bringen.

Der Traum von der absoluten Mehrheit

In der Politik wie in der Werbung geht es darum, Mehrheiten zu gewinnen. In den sozialen Netzwerken gilt es, Follower zu generieren. Aber die absolute Mehrheit ist ein selten realisierter Traum. Und natürlich eng mit der Sorge gekoppelt, dass die Massen in Deutschland erneut rechtsradikalen Idealen »blind« folgen könnten. Menschenmassen sind aber auch für andere, nicht immer sinnvolle Ziele zu gewinnen – ohne dass die Massen oder einzelne Personen stets bewusst sagen können, warum sie der Meinung eigentlich folgen.

In dem Fernsehformat *Absolute Mehrheit* müssen die Kandidaten es schaffen, möglichst viele Menschen dazu zu bewegen, für sie und ihre Haltung zu stimmen. Wahrscheinlich ohne es zu wollen zeigte Stefan Raab, der Initiator des Formats, dass rationale Argumente für die Mehrheitsfindung nicht zwingend erforderlich sind. Denn der einzige, der jemals eine absolute Mehrheit erringen konnte, war der Rapper Sido. Gesagt hat er nicht viel. Bei genauerer Beobachtung sah man, wie er auf Pennäler-Art zusammenzuckte, wenn seine Meinung gefragt war. Zugehört hat er den anderen auch nicht immer. Das gab er offen zu. Was ihn zum Sieger machte, waren weniger seine Meinungen zur Legalisierung von weichen Drogen, Wahlrecht ab 16 oder der Begrenzung von Boni bei Managern. Denn er lag gleich zu Beginn der Diskussion mit einer Zustimmung von über 50 Prozent vorne. Seine Fans aus den sozialen Netzwerken scheinen ihm blind gefolgt zu sein. Damit ist nicht gesagt, dass sie grundsätzlich anderer Auffassung waren als er. Nur folgten sie wahrscheinlich aus anderen Gründen: Sie konnten sich in der unterlegenen, weniger redegewandten Position des Rappers eher wiederfinden als in der nach Macht strebenden, rhetorischen Überzeugungsarbeit der anwesenden Politgrößen. Sido verkörperte ihren Mainstream. Schon die äußere Wandlung vom Totenkopfmaskenträger zum braven, gleichwohl modernen Scheitel-Brillen-Outfit zeigt, wie der ehemalige Rüpel-Rapper Aufmüpfiges mit bürgerlich Spießigem versöhnt. Ausrasten ohne anzuecken ist sein Motto. Denn Ausrasten wird als menschliches Zeichen der Hilflosigkeit und der Unterlegenheit gewertet. Solange sich anschließend entschuldigt wird, eckt Sido noch nicht einmal damit an. Vielmehr sichert er sich damit als kleiner Mann aus eher bildungsfernem Milieu die Sympathien der Communities und ragt trotzdem aus der Masse heraus. Denn sonst kann sympathisch leicht gleichbedeutend mit langweilig sein. Mehrheiten – egal wie groß – zu überzeugen, gelingt, wenn sich mit dem Kleinen gegen das Große und Übermächtige solidarisiert werden kann. Ein Märchen-Prinzip, das sich die Werbung öfter zu Nutze machen sollte.

Werbung an jeder Ecke

Befragt man die Menschen in Interviews, mit welcher Werbung sie eigentlich an jeder Ecke rechnen, wird häufig *Coca-Cola* genannt. Bei jedem sportlichen Event, an Weihnachten, in jedem noch so entlegenen Ort der Welt findet sich irgendwo ein Schriftzug der braunen Limonade. Selbst wenn man der erste Mensch auf dem Mount Everest wäre, *Coca-Cola* hätte vermutlich schon eine Fahne dort. Wir sind vielleicht hier und da verärgert über die Art der kommerziellen Werbung, genervt von der Häufigkeit und Penetranz, aber es überrascht uns kaum, dass wir ihr begegnen.

Aber tatsächlich gibt es auch Werbung, die uns an vollkommen unerwarteten Orten erwischt. Gern übersehen wir die Werbung in unserem Alltag oder erkennen sie nicht als solche. Zum einen betreiben wir in der ein oder anderen Form alle Werbung. Jeden Tag. Wir können gar nicht anders. Auch dann nicht, wenn wir keine sogenannten »Werbeprofis« sind.[12]

Zum anderen werden wir »beworben«. An Orten und auf eine Art und Weise, die wir kaum für möglich halten. Weil wir die Beeinflussungsinstanzen nicht mehr als solche wahrnehmen und uns gegen alles gefeit fühlen. Dazu trägt insbesondere bei, dass manche Botschaften durch Werbeträger implementiert werden, die wir auf den ersten Blick gar nicht ernst nehmen. Sie werden von uns anderen oft sogar lächerlich gemacht. Für wieviele sind Seehofer und Meisner nichts als Witzfiguren? Dabei wusste schon Wilhelm Busch: »Was man ernst meint, sagt man am besten im Spaß«.

Vor allem aber übersehen wir die oftmals sehr simplen, wenig differenzierten, aber hoch wirksamen Beeinflussungstechniken: klare Einteilungen in Gut und Böse, Groß gegen Klein, Schwach gegen Mächtig. Oder scheinbar harmlose Behauptungen, die uns dann aber eindeutige Haltungen abverlangen. Gerade dadurch werden wir diese irgendwann als Teil unserer eigenen Meinung akzeptieren. Und gerade dann, wenn Statements besonders komisch oder besonders schwarz-weiß erscheinen, können wir sie eigentlich kaum so ernst nehmen, wie wir sollten.

Stattdessen haben wir Angst vor der Wirtschaft, die uns vielleicht heimlich etwas unterjubeln könnte. Keine unberechtigte Angst vielleicht, aber doch eine übertriebene. Oftmals versteht diese uns nicht und steuert durch langweilige, zu wenig provokante, dafür aber penetrant wiederholte Aussagen in die falsche Richtung. Obwohl 1.000 Mal gehört, ist leider nichts passiert in unserem Seelischen.

Was aber hat das alles nun mit den Märchen zu tun? Werbung kann uns berühren, wenn sie sich die Prinzipien und Wirkmechanismen von Märchen zu Nutze macht. Bei genauerer Betrachtung ist sie – richtig eingesetzt – sogar eine moderne Fortschreibung der Märchen. Daher lohnt sich ein Blick auf die Psychologie der alten Geschichten. Ihre Beeinflussungsprinzipien sind ebenso simpel wie faszinierend und tiefgründig. Sie drehen sich immer um lebensrelevante Themen – um ständige Grundkonflikte ebenso wie um spezielle Problematiken verschiedener Lebensphasen. Auch Märchen beeinflussen unseren Alltag und unser Leben mehr, als wir gemeinhin ahnen.

Kapitel 2

Die Seele der Märchen und warum wir sie zum Leben brauchen

Sterben Märchen aus?

Nur wenige lesen ihren Kindern noch Märchen vor. Viele haben ganz aufgehört Märchen zu erzählen. Erwachsenen scheinen sie ohnehin oftmals zu kindlich zu sein, oder sie gelten generell als »out«. Sind Märchen vom Aussterben bedroht? Sind sie vielleicht so etwas wie die Dinosaurier unter den Geschichten? Beeinflussen sie unser Leben noch? Es scheint wohl wahr zu sein, dass im klassischen Sinne keine neuen Märchen mehr erzählt werden – oder nur selten. Aber gerade deswegen lohnt sich ein tiefenpsychologischer Blick auf diese Art von Dichtung und auf die Bedeutung der Märchen für die Werbung.

Die Psychologie beschäftigt sich gern mit der Frage, warum Menschen bestimmte Dinge tun oder eben lassen. Das nennt man Motivationsforschung. Die Motive der Menschen stehen dabei in einem engen Zusammenhang mit den jeweiligen kulturellen Entwicklungen. Sie sind selten so individuell, wie wir gerne glauben wollen. Wie viele Menschen rauchen, wie angesagt eine Biermarke ist oder welche Partei besonders viele Stimmen einheimsen kann, unterliegt vielen, zum Teil unbewussten Einflussfaktoren. Unsere individuellen Entscheidungen sind immer kulturell überdeterminiert. Zur Zeit haben sich eben viele entschieden, keine Märchen zu erzählen. Offenbar hat sich die Kultur eine Art Märchenverbot erteilt.

Warum wir die Märchen verdrängen

Verändert sich das Verhalten einer ganzen Kultur – wie im Falle der Märchen – ist das für die Psychologie von großem Interesse. Wie kommt es zu dieser Veränderung? Was ist passiert, welche psychologischen Hintergründe kann das haben, dass sich die Menschen von den Märchen distanzieren? Was haben die Menschen davon, sich genau so zu verhalten? Sich als Psychologin mit Märchen zu beschäftigen, ist dennoch nicht unproblematisch. Das Image des Esoterischen oder gar Halbseidenen haftet der Psychologie ohnehin schon an. Sobald sie ins Spiel kommt, wendet sich ein Großteil der Erwachsenen bereits ab. Kombiniert man Tiefenpsychologie mit Märchenanalysen, steigen noch mehr Menschen aus.

Ein freundliches Belächeln ist eine der harmloseren Reaktionen – es scheint unwissenschaftlich oder sogar unseriös. Die Vorstellung, dass magische Verwandlungen oder gar dunkle Hexen- und Teufelsgestalten nicht nur alte Geschichten sind, sondern etwas mit unserem heutigen Seelenleben zu tun haben, ist vielen unheimlich. Viel lieber wägen wir uns in der Sicherheit, uns und unsere Emotionen im Griff zu haben. Herr im eigenen Haus beziehungsweise im eigenen Seelenhaus zu sein, das ist uns als vernunftgesteuerten Menschen wichtig. Unbekannte, unliebsame oder gar unkontrollierbare Gefühle sind uns unangenehm. Dabei kennen fast alle Menschen diesen Kontrollverlust zumindest von einem Zustand: dem Verliebtsein. Jenseits dieser Ausnahmeempfindung möchten wir aber vor allem selbstbestimmt und kontrolliert sein. Eine Fremdbestimmung durch unser eigenes Unbewusstes scheint vielen ungeheuerlich. Sich auf dieses Feld zu begeben, braucht also ein wenig Mut.

Sigmund Freud war so beherzt. Er hat sich bereits Anfang des 19. Jahrhunderts mit der Fremdbestimmung durch unser eigenes Unbewusstes beschäftigt. Die Hirnforschung, beziehungsweise das vermeintlich moderne Neuromarketing, folgen inzwischen auch der Auffassung, dass wir selten wissen, warum wir etwas tun. Zumindest nicht bewusst. In tiefenpsychologischen Settings können zwar viele vorbewusste Zusammenhänge deutlich gemacht werden. Aber im Alltag ist es schon ein wenig bequemer, sich nicht ständig bewusst mit dem Unbewussten auseinanderzusetzen.

Wenn nun in unserer Kultur stärker als bisher die unheimlichen Seiten außen vor gelassen werden, dann suchen Psychologen einen Grund dafür. Warum werden lieber gar keine Märchen mehr erzählt? Warum findet keine vertiefende Auseinandersetzung mehr mit ihnen im Erwachsenenalter statt? Nicht nur jeder einzelne ist gern Herr in seinem eigenen Haus. Unsere ganze Kultur hat derzeit Angst vor dem emotionalen Kontrollverlust. Dieses Gefühl hat sich seit dem 11. September 2001 stetig verstärkt. Je mehr Ungeheuerlichkeiten wir erfahren, desto mehr Arbeit hat unser Seelisches, es zu erfassen und zu bearbeiten. Die einstürzenden Türme in New York, die Misshandlungen im Irak durch US-Amerikaner, enthauptete IS-Geiseln, die Ermordungen der Journalisten der Satiremagazins *Charlie Hebdo* muten uns einiges zu. Wir bekommen mit, wozu Menschen in der Lage sind. Wir ahnen, alle Menschen haben auch grausamste Neigungen. Nicht nur das: die Auseinandersetzungen drohen an jeder Stelle außer Kontrolle zu geraten. Mit dem IS zum Beispiel scheint niemand richtig umgehen zu können. Es wird sich auf scheinbar sachlich-rationale Ebenen zurückgezogen. Ein verzweifelter Kontrollversuch. Noch mehr Emotionales können wir nicht ertragen, zu wuchtig und erschütternd sind diese Eindrücke. Also verdrängen wir heute verstärkt zumindest die eigenen unheimlichen oder schlimmen Regungen und mit ihnen die Märchen. Damit berauben wir uns aber der Möglichkeit, in den Märchen Anregungen für die Auseinandersetzung mit unseren allzu menschlichen, tiefgründigen Seiten zu finden.

Aber das Seelische ist klug. Es lässt sich schwer austricksen. Auch das hat Freud bereits beschrieben: Wenn wir etwas verdrängen, dann klopft das Verdrängte umso heftiger an die Hintertüre. Und das funktioniert auch dann, wenn wir uns selbst etwas verbieten oder uns an Verbote halten wollen. Denn fast alles Verdrängte war irgendwann einmal bewusst.

Wie geschickt wir uns anstellen, solche Vorschriften zu umgehen, zeigt auch eine moderne Anekdote aus der erfolgreichen Kinder- und Jugendbuchserie *Gregs' Tagebücher*. Dem älteren Sohn Rodrick wird, weil er seinen kleinen Bruder in der Kirche als »Pupi« beschimpft, von seinen Eltern verboten, dieses Schimpfwort weiterhin zu verwenden. Von nun an geht er jeden Tag auf seinen Bruder zu und schreit ihm einen Buchstaben ins Gesicht: am ersten Tag ein P, dann ein U bis zu guter Letzt das I mit Ausrufezeichen die Beschimpfung abschließt. So hat er das Verbot befolgt und doch umgangen.[13] Unser Seelisches ist clever genug, fremde oder selbstgesetzte Verbote quasi heimlich zu missachten. Nicht immer freilich ist die Verdrängung noch so deutlich erkennbar. Schließlich dient sie ja dazu etwas unkenntlich zu machen. Dennoch zeigt das Beispiel anschaulich das Ergebnis eines Verdrängungsprozesses: Das Eigentliche ist auf den ersten Blick nicht mehr erkennbar, sondern in diesem Fall gestückelt und zerlegt. Das passiert bei der echten Verdrängung ebenfalls. Das Verbotene wird durch verschiedene Methoden so lange entstellt, bis unser Bewusstsein es schließlich nicht mehr wiedererkennt.

Wenn nun die heutige Kultur für Märchen nicht mehr offen ist, dann findet das Seelische einen anderen Weg, diese unterzubringen. Einen verdeckten und schwer erkennbaren vielleicht, aber es findet einen. Denn wir wollen Geschichten sowohl hören als auch erzählen. Das, was die Kinder in den Märchen anspricht, berührt und bewegt, ist auch für uns Erwachsene relevant. Eine Möglichkeit, diese Geschichten in zeitgemäßem Gewand zu erzählen, ist die Werbung. Andere moderne Märchenformen sind Spielfilme, Computerspiele oder auch Geschichten wie *Harry Potter* und *Der Herr der Ringe*. Werbegeschichten sind Märchen in Kurzformat. Sie sind deswegen besonders interessant, weil wir heute weniger Zeit haben. Die Kürze ist auch eine Form der Verdeckung. Und des Genießbar-Machens der ansonsten vielleicht schwer verdaulichen Kost rund um unsere existenziellen Dilemmata. Auffallen tut uns allerdings kaum, mit welchen märchenanalogen Themen wir uns beschäftigen. Denn als Erwachsene sind wir ja vernunftgesteuerter Weise märchenfrei.

Des Märchens neue Kleider

Die Form des Märchenerzählens hat sich im Laufe der Zeit verändert. Oder anders formuliert: Auch vor den Märchen gab es Märchen. Vor den erzählten Geschichten, den geschriebenen, später gedruckten Texten, waren es Bilder und Malereien, die Geschichten erzählten, Höhlenmalereien zum Beispiel. Sie drückten nicht nur den Alltag der

Menschen aus, sondern auch ihre Sorgen, Nöte, Ängste und Werte. Der französische Regisseur Jacques Malaterre zeigt, wie der weise Mensch Homo Sapiens – anders als der Neandertaler – den Ackerbau erfindet, den ersten Wolf zähmt und ein Bewusstsein für seine Vergangenheit schafft, indem er zum Geschichtenerzähler wird. Basierend auf den wissenschaftlichen Erkenntnissen von Yves Coppens und Fabrice Demeter vom Collège de France in Paris sowie Michael Bisson von der McGill University in Montreal geht er sogar so weit, die Vermutung in den Raum zu stellen, nur mit Geschichten, Märchen und Ausdrucksformen der Kunst könne sich eine Kultur erhalten und überleben. Im O-Ton hieß es: »Vernichtet man die Werke und die Geschichten der Menschen [...] ist es, als hätten sie nie existiert«. Das Aussterben des Neandertalers erscheine damit in einem völlig neuen Licht.[14] Offenbar geht nicht nur die psychologische Betrachtungsweise davon aus, dass die Kultur einer menschlichen Spezies Geschichten und Mythen braucht um zu überleben. Ohne die Märchen, die Werte und Ansichten einer Zeit vermitteln, aber auch die jeweiligen existenziellen Motive und Lebensverhältnisse aufzeigen, ist es fast so, als hätte die Kultur nie existiert.

In den Grimm'schen Märchen beispielsweise zeigt sich, was die damalige Kultur für Gut und Böse hielt. Sie zeigen auch, an was die Menschen glaubten oder glauben sollten. Zum Beispiel daran, dass das Gute meistens Sieger bleibt und dass Gut-Sein sich auszahlt, oder auch an unbeeinflussbare Schicksalsschläge und glückliche Wendungen. Diese Werte wurden von Mund zu Mund weitergegeben. Nicht selten endet ein Märchen mit »und der dies erzählt hat, dem ist der Mund noch warm«. Dieser Spruch zeugte von der großen Aktualität und Relevanz des Gesagten.

Ganz im Sinne der heutigen Nachrichten: Nichts ist bekanntlich so alt wie die Tageszeitung von gestern.

Als dann die Geschichten gesammelt und aufgeschrieben wurden, haben sich mit der Form der Überlieferung vermutlich auch die Werte geändert. Manchmal erkennt man sogar an der Form zuerst, dass die Werte sich wandeln. Neue Medien wie Facebook, Xing und Co. tragen zur Veränderung unseres Alltags und unserer Haltungen bei.[15]

Die Schicksalsgläubigkeit der Menschen beispielsweise spielt heute nicht mehr in gleichem Maße eine Rolle wie zur Hochzeit der Grimm'schen Märchen. Unsere Kultur befindet sich in einem Zustand des Machbarkeitswahns: »Jeder ist seines Glückes Schmied«. Glück umfasst gleichermaßen Erfolg, Schönheit und Lebensdauer. Dabei ist die Abwendung von der Schicksalsgläubigkeit noch gar nicht so alt. Die meisten unserer Mütter beispielsweise hatten eine Art Schwere-Knochen-Theorie. Sie waren nicht wie wir der Auffassung, ihr Äußeres quasi frei nach ihren Vorstellungen gestalten zu können. Statt ins Sportstudio zu rennen und Botox zu spritzen, arrangierten sie sich mit der Unveränderlichkeit ihrer Figur und der Zunahme ihre Falten. Im Gegensatz zu uns glaubten sie, dass es eben auch Kinder gibt, die nicht begabt genug sind fürs Gymnasium. Darüber haben sie sich nicht empört, das war einfach so. Über das Lebensende galt: Wenn man »dran war, dann war man dran« – das hatte dann wenig mit einem gesunden oder schädlichen Lebenswandel zu tun. Helmut Schmidt ist ein Paradebeispiel dafür. Rauchen wie ein Verrückter kann auch zu Langlebigkeit führen – weil Gott es so will, oder das Schicksal, je nach persönlicher Glaubensrichtung. Heute hingegen wird sich weder mit dem Altern noch mit dem Intelligenzquotienten der Kinder abgefunden. Wenn heute ein Schüler die zwei Jahre Probezeit des Gymnasiums nicht besteht, erleben die Eltern der deutschen Mittelschicht dies als persönliches Versagen beziehungsweise als mangelnden Fleiß des Kindes.

Ob Schicksalsgläubigkeit oder Machbarkeitswahn, Werte und Wertewandel werden in Geschichten dargestellt und verarbeitet. Einst war es die Höhlenmalerei als einfachste Form. Märchen, aber auch Mythen sind wohl nach wie vor die bekanntesten Formen. Aber Werbung und digitale Medien sind die zeitgemäße Art der Geschichtsschreibung. Neue Wertvorstellungen und veränderte Strukturen des Zusammenlebens brauchen auch andere. Die Geschichte der menschlichen Kommunikation lässt sich inhaltlich wie formal verfolgen. Die Formen selbst wandeln sich mit den Inhalten. Absichts- oder intentionslos ist das Geschichtenerzählen dabei nie gewesen. Aufklären, belehren, umstimmen, überzeugen – all das sind Funktionen, die wichtig sind. All das sind auch Aufgaben der Werbung. Letztlich kann man es sogar umdrehen: die Grimm'schen Märchen waren die Werbeformate der damaligen Zeit. Sie gaben den Menschen Vorbilder des menschlichen Daseins an die Hand und nicht selten durch ihre klaren Orientierungshilfen einen Sinn. Heute könnte uns gute Werbung zeigen, wie es um unsere Lebensmodelle und die Lebensverhältnisse bestellt ist. Auch sie kann Sinn, Richtung und wertvolle Strukturierungen liefern.

Des Märchens neue Kleider finden wir unter anderem in modernen Werbeformaten. Es ist für uns leichter, sie zu akzeptieren, wenn sie als Filme oder als Plakate, im Netz, in mobile devices[16] oder in Zeitschriften vorkommen. Sogar der Minnesang des heutigen Liebeswerbens verbirgt sich beispielsweise in gekonntem Simsen oder findet in den sozialen Medien statt.

Die Psychologie der Märchen

Märchen machen Kinder froh ...

Märchen und das Erzählen von Märchen sind also doch nicht gänzlich ausgestorben. Nicht nur die alten Märchen sind noch da, haben Bedeutung und Funktion für uns alle. Den besonderen Stellenwert der Märchen für die kindliche Entwicklung hat bereits Bruno Bettelheim in seinem Buch *Kinder brauchen Märchen*[17] herausgearbeitet. Denn es ist eine der schwierigsten Aufgaben, Kindern einen Sinn in ihrer Lebensausrichtung zu vermitteln.[18] Die gängigen Kinderbücher jenseits der Märchen sind dabei wenig hilfreich – oft ohne Tiefgang, weil sie viel zu sehr darum bemüht sind, die Kinderwelt als heil darzustellen.

Generell besteht in unserer westlichen Kultur derzeit eine besonders starke Neigung so zu tun, als existiere die dunkle Seite des Menschen nicht. Oder zumindest nicht im eigenen Inneren. Ganz besonders dann nicht, wenn es um die Kinder geht. Wir wollen unseren Kindern nicht sagen, was auf der Welt alles nicht gut ist, dass Zorn, Angst, Unsoziales, Egoistisches zur menschlichen Natur gehören. Aber Kinder merken bei sich selbst sehr früh, dass sie nicht immer gut sind, oder wenn sie es sind, dass sie es eigentlich gerade gar nicht sein wollen.[19] Dass sie zum Beispiel ihrem Geschwisterchen gern die Schaufel wegnehmen wollen und ihm dafür mit genau dieser sogar eins über den Kopf ziehen würden. Sie geraten in einen tiefen inneren Konflikt, wenn wir ihnen mit gut gemeinten Geschichten erzählen, alle anderen um sie herum, und überhaupt die ganze Welt sei aber von Natur aus gut.

Hier zeigt sich eine interessante Parallele zur Werbung. Auch Werbung versucht uns oft Perfektion und heile Welt vorzugaukeln. Wenn Frauen mit überschwänglicher Freude in Kaffeespots morgens zur Arbeit, dann zum Yoga, danach mit dem einwandfrei erzogenen Familienhund spazierengehen und abends die schöne Geliebte abgeben, fühlen wir uns wenig überraschend nach einem solchen Werbekonsum als Zuschauer entsprechend schlecht. Diesem Bild können wir nicht genügen, egal wie sehr wir uns anstrengen.

Für Eltern mag es eine Überlegung wert sein, ihre Kinder statt von vermeintlich bösen Märchen eher von allzu weichgespülten und schöngefärbten Kinderbüchern fernzuhalten. Zumindest aber sollte der Diskussion, Märchen seien aufgrund ihrer Dramatisierungen die schädlichere Variante, Einhalt geboten werden. Denn Märchen bebildern und bearbeiten existenzielle Probleme und grundlegende Konflikte unseres Lebens: das Böse genauso wie das Gute, das Erwachsenwerden, das Altern und das Sterben. Die Sehnsucht nach dem ewigen Leben, die Suche nach Liebe, die Vermeidung von Festlegungen und die Auseinandersetzung mit dem, was man werden will und wie man sich entwickeln und verändern möchte.[20] Wie die eigenen ambivalenten und »unguten« Neigungen ist auch das Böse im Märchen nicht ohne Faszination: die Kraft von Riesen und Drachen, die Allwissenheit von Hexen, Zauberern, Teufeln oder bösen Königinnen wie in *Schneewittchen* ist faszinierend und diese Figuren scheinen zeitweilig gar zu triumphieren. »Nicht die Tatsache, dass die Tugend am Ende siegt, fördert die Moral, sondern dass der Held für das

Kind am attraktivsten ist«.[21] Und ob man im Leben darauf vertrauen kann, dass man auch als kleiner, unperfekter Mensch Erfolg haben und innere wie äußere Schwierigkeiten überwinden kann, ist zentral für die positive Entwicklung der Psyche. In der Morphologischen Psychologie kann man es noch weiter drehen: Allein die Tatsache, dass wir durch die Märchen erahnen und verstehen, dass unser Seelisches Anteile an allem hat, am Guten, Bösen, Ehrenhaften, Unmoralischen, an Leidenschaft und Verderben, und dass uns das alles immer gleichzeitig beschäftigt, ist ein großer Gewinn für uns, der uns Halt gibt. Denn dann haben wir nicht das Gefühl, mit uns würde irgendetwas nicht stimmen.

Die tiefen inneren Konflikte, die aus unseren heftigen Emotionen und seelischen Trieben entstehen, werden in vielen modernen Geschichten verschwiegen. In Märchen hingegen wird das existenzielle Dilemma klar umrissen, kurz und pointiert festgestellt, ohne komplizierte Handlung oder allzu ambivalente Gestalten.

Die einfache Einteilung in Gut und Böse, dumm und klug, schön und hässlich hilft uns, Unterschiede zu erfassen und ein eigenes, strukturell relevantes Ordnungssystem in unserem Leben zu entwickeln. Schon Archimedes sagte: »Gebt mir einen festen Punkt [...] und ich hebe die Erde aus den Angeln«. Genau solche Unumstößlichkeiten und klaren Ordnungen brauchen wir, um unsere Persönlichkeit zu entfalten. Wir müssen erst einfache Einteilungen lernen, bevor wir differenzierter urteilen und handeln. Das ist so etwas wie das kleine Einmaleins des Seelischen. Wie gut diese einfachen Einteilungen auch noch bei Erwachsenen funktionieren, zeigen die simplen Ordnungssysteme so mancher Politiker: Rumänen und Bulgaren sind dann ganz einfach »böse«, weil sie uns die Arbeitsplätze wegnehmen.[22]

Wie schwierig es umgekehrt ist, wenn zu früh zu viele Differenzierungen verlangt werden, zeigen Kinder- und Jugendstudien immer wieder: Menschen brauchen ein klares Gegenüber. Nur wenn Erwachsene, Eltern, Erzieher und Lehrer Kindern vermitteln was »richtig und falsch« ist, was Regeln sind und was in einem gewissen Alter unumstößlich ist, können sie darauf aufbauend eine Persönlichkeit entfalten. Nur dann können Kinder sich abgrenzen von den Meinungen anderer und eigene Meinungen entwickeln. Sie brauchen für eine eigene Persönlichkeit einen festen Rahmen genauso wie die Möglichkeit zur Rebellion. Kleine Tyrannen sind oft selbstgemacht – von den Eltern, die keine Grenzen ziehen. Die Tyrannei ist ein ernster Versuch, doch noch welche zu finden.

Märchen liefern uns Hilfen für Grenzziehung, Einteilung und Orientierung, und sie vermitteln uns auch Zuversicht – was genauso wichtig ist. Anders als die Mythen rund um Ödipus und Herakles enden sie nicht tragisch. Im scheinbar Aussichtslosen liefern sie eine Perspektive. Unsere nicht selten dramatischen Seelenzustände finden letztlich zu einer Lösung. Selbst wenn wir als Kind nicht einmal ahnen, wie das gehen könnte. Wir wissen zum Beispiel noch nicht, ob wir (wie) Mama oder Papa sein sollen, oder lieber für immer klein bleiben und von allen süß gefunden werden wollen. Wäre einem nicht auch ewige Liebe gewiss? In den Märchen werden allgemeine und unterschiedlichste existenzielle Nöte aufgegriffen. Ein Grund übrigens, warum Kinder Lieblingsmärchen haben, die sie immer wieder hören wollen – Abend für Abend. Doch irgendwann ist das Problem abgearbeitet. Dann ebbt auch das Interesse an *Aschenputtel, Hänsel und Gretel* oder dem *Tapferen Schneiderlein* ab und andere Geschichten werden wichtiger. Ein anderes Problem rückt in den Fokus – mit einem anderen Märchen, das Zuversicht für ein weiteres seelisches Problem liefert. Das gilt für die Kinder – kann aber auch für eine ganze Kultur gelten. Auch sie arbeitet sich zu unterschiedlichen Zeiten an verschiedenen Themen ab.[23] Die zentrale Problematik kann mit verschiedenen Märchen besonders gut zum Ausdruck kommen.[24]

Für die Kinder zeigen die alten Märchen paradoxerweise eine Entwicklungsperspektive, sie sind zukunftsweisend. Sie leiten an, sich auch in die Welt hinaus zu trauen und die eigenen Ängste zu überwinden. Denn bleibt man zu lange zu Haus, ergeht es einem vielleicht wie *Dornröschen*. Oder man findet wie bei *Schneewittchen* nicht denjenigen, mit dem man bis ans Ende seiner Tage ein glückliches Leben führen kann. Bewusst und unbewusst können die Märchen zum Beispiel infantile Abhängigkeitswünsche bearbeiten und beim Groß- und Selbständigwerden helfen. Ein Entwicklungsziel, das wir uns für unsere Kinder wünschen.

... und Erwachsene ebenso

Mit etwas Mut kann man so weit gehen, dass gerade das Motiv von *Hänsel und Gretel* für so manchen Elternteil ebenfalls einen Perspektivwechsel darstellen müsste. Helikoptereltern, die rund um die Uhr ihre Kinder bewachen, müssen wohl neu lernen, die Selbständigkeit ihrer Kinder zu fördern. Sonst werden sie auch nach dem Studium noch bei den Unternehmen anrufen, um eine Bewerbung für den Sohnemann oder ihre kleine Prinzessin auf der Erbse einzureichen.

Generell profitiert auch das Seelische der Erwachsenen von den Prinzipien der Märchen. Dies festzustellen oder zu diskutieren, führt allerdings noch schneller zu dem Vorwurf der Esoterik. Selbst wer an solchen Zusammenhängen Spaß hat, ist doch meist weit weg von der Werbung oder gar wirtschaftlichen Belangen. Dass man mit Märchenprinzipien Menschen berühren kann, ist schon für viele unglaublich. Dass man damit sogar Geld verdienen könnte, eben weil man die Menschen berührt – unvorstellbar.

Dabei sagte schon Aristoteles, der eher als Meister der Vernunft gilt: »Der Freund der Weisheit ist auch der Freund des Mythos.«[25] Und Platon empfahl, den Idealstaat nicht nur auf bloße Tatsachen und rationale Lehren zu gründen, sondern die Erziehung der Menschen mittels des Erzählens von Mythen zu gestalten.[26]

Das gilt in umfassendem Maß auch für die Werbung. Immer wieder versuchen Werber und Unternehmen, das Emotionale aus der Werbung herauszuhalten. Das Magische, Mythische und Verzaubernde sowieso. Insbesondere wenn Männer beworben werden, soll es doch bitte nur um den Verstand gehen. Allein, selbst das Herausheben rein technischer Daten im Auto- oder Hifi-Bereich, der Performance bei CPUs und Computern, von kunstfertigen Software-Möglichkeiten bei Smartphones führt nicht zu einer eindimensionalen, rationalen Ansprache. Es ist schlicht unmöglich, sich auf die Vernunft zu begrenzen. Denn auch in der modernen Psychologie wird die Vernunft nicht als selbstständig agierende Instanz aufgefasst. Trotz aller Anstrengungen der Aussparungen wird immer das ganze Seelische mitbewegt. Im positiven oder eben im negativen Sinne. Ob man diese Seite nun aber ignoriert, weil sie einem unangenehm ist und damit eben die Wirkung der Werbung dem Zufall überlässt, oder sie aktiv mitgestaltet, das wiederum ist eine ganz bewusste Entscheidung. Und auf den Grund, warum viele Menschen diese Seite des Menschlichen gern ignorieren, wurde ja bereits eingegangen.[27]

Märchen hingegen bedienen sich einer rational leicht nachvollziehbaren Cover-Story und bewegen gleichzeitig unbewusste Inhalte, die für viele Menschen relevant sind, in einer Impact-Story mit. Genauso sollte und müsste es die Werbung auch tun. Das »Ergebnis allgemeiner bewusster und unbewusster Inhalte, geformt vom Bewusstsein nicht eines bestimmten Menschen, sondern vieler Menschen, die darin übereinstimmen, was sie als universelle menschliche Problem und als wünschenswerte Lösungen sehen«[28], sollte auch für die Werbung ein Maßstab sein. Um diese einfache rationale Ansprache für jedermann deutlich zu machen, bedient sich das Märchen verschiedener Stilmitteln, die eine allgemeine Identifikation mit den angesprochenen Grundproblemen erleichtern: Statt bestimmte Personen wie Ödipus, Zeus oder Brunhilde ins Zentrum zu rücken, ist von Brüderchen und Schwesterchen, von Stiefmüttern, Vätern und alten Königen die Rede. Selbst wenn einmal Namen vergeben werden, sind sie allgemein wie Hänsel und Gretel, sodass sie für Jungen und Mädchen insgesamt stehen können. Oder sie beschreiben einen Zustand wie im Fall von Aschenputtel, das so genannt wird, weil es immer von der Asche geschwärzt ist.

Anders als viele Versuche der Psychoanalyse geht aber die moderne Psychologie nicht davon aus, dass den Märchen immer verdrängtes Material zugrundeliegt (Freudianer), oder dass deren Ereignisse archetypischen Phänomenen entsprechen (Jungianer). Diese Ideen werden auch hier nicht vertreten. In der Morphologischen Psychologie werden Märchen auf die Relevanz für grundlegende Lebensverhältnisse untersucht. In der Intensivberatung – einer Kurzform der Psychoanalyse – werden die existenziellen Dilemmata und Grundmotivationen der Märchen in Austausch mit den Lebensgeschichten gebracht. Die Märchen helfen so auch den Erwachsenen zu verstehen, welche Methoden sie immer wieder anwenden, wie sie mit ihren Ambivalenzen umgehen, wo ihre Drehgrenzen sind oder einfacher ausgedrückt: wo sie blinde Flecken in ihrer Wahrnehmung und ihrem Tun haben. Warum sie sich zum Beispiel immer wieder in denselben Typen verlieben, immer wieder ins gleiche Unglück laufen, sich immer wieder an den gleichen Stellen abrackern und einen Lohn dafür vergeblich erhoffen oder meinen die ganze Welt sei gegen sie. Die märchenanalogen Prinzipien machen auch deutlich, was wir davon haben, uns immer wieder in ähnliche, scheinbar ausweglose Situationen zu bringen. Sie zeigen uns, was wir gut Leiden-Können, und zwar im doppelten Wortsinn: worunter wir leiden und warum wir gerade das gern mögen, also gut leiden können.

Die morphologische Märchenanalyse wird als Basis herangezogen, um die Werbung psychologischer zu betrachten. Märchenanalogien helfen nicht nur, sie besser zu verstehen, sondern auch sie berührender zu gestalten. Als moderne Form des Geschichtenerzählens könnte die Werbung nämlich prinzipiell viel mehr mit den Märchen gemeinsam haben – genau dann, wenn sie die Prinzipien der Märchen besser nutzt.

Kapitel 3

Was Werbung und Märchen gemeinsam haben

Werbe-Stalking nervt

Fast alle Werbetheorien besagen, dass es wichtig sei, zunächst Aufmerksamkeit zu schaffen und Kontakt herzustellen, bevor eine Werbebotschaft zu den Menschen gelangen kann. Auf den ersten Blick mag das sinnvoll erscheinen, aber in der konkreten Umsetzung entwickelt Werbung gerade durch diese Theorie oftmals Stalking-Charakter. Menschen werden von Werbung verfolgt, weil Werber und Mediaplaner Kontakte sammeln. Je mehr Kontakte eine Werbung generiert desto besser. Wenn ein Mensch 20 Mal die gleiche Werbung schaut, wird das genauso gezählt wie 20 verschiedene Kontaktpersonen. So erklärt sich, dass wir während eines Spielfilms nicht nur sechs Werbeblöcke ertragen müssen, sondern darin auch fünf Mal den gleichen Spot sehen. Auch die Unsitte, zwei identische Plakate direkt nebeneinander zu schalten, empfindet jeder normale Mensch als irrig. Nicht so die Mediaplanung. Sie und viele Werber glauben, dass unser Gehirn sich Botschaften umso besser einprägt, je häufiger wir sie sehen. Psychologisch richtig ist allerdings: Das Gehirn ist nicht das Allerwichtigste für die Werbewirkung. Werbung, die unsere Herzen anspricht, braucht oft nur einen einzigen Berührungspunkt. So wie ein guter Film, eine gute Geschichte oder eine Begegnung mit einem Menschen auch beim ersten Mal wirkt, tut es auch gute Werbung. Natürlich muss es zu dieser ersten Begegnung kommen. Aber mehr ist kaum nötig. Und falls Begegnungen darüber hinaus gewünscht sind, suchen die Menschen die Werbegeschichte meist freiwillig wieder auf, indem sie besonders darauf achten oder im Netz danach suchen.

Werbe-Stalking hingegen führt dazu, dass Menschen sich für dumm verkauft fühlen. Das Lernen von emotional berührenden Botschaften geht nämlich schnell und braucht keine 100 Wiederholungen.

Märchenanaloge Prinzipien in der Werbung

Wirklich gute Werbung will nicht nur verkaufen, sie umwirbt uns als Menschen und nimmt uns in unseren Empfindungen ernst. Und sie versucht, uns und unser Seelenleben zu unterhalten. Anders formuliert: Sie möchte uns mit Botschaften und Aussagen füttern, die uns Spaß machen und dennoch so ernst sind, dass wir unsere Lebensverhältnisse aufgegriffen und verstanden wissen.

Nicht selten nutzt diese wirksame Werbung unbewusst märchenanaloge Prinzipien. Mal im Kleinen wie bei den Claims; mal umfänglicher, wenn Bilder uns in ihren Bann ziehen oder essenzielle Lebensverhältnisse und seelische Dramen angesprochen werden. Dann kann unser Kopf oftmals nichts ausrichten. Gegen diese fesselnden Prinzipien sind wir machtlos, und wir wollen es auch gern sein. Sobald wir uns wirklich umworben fühlen, fühlen wir uns verstanden und wahrgenommen – im richtigen Leben wie in der professionellen Werbung.

Märchenanaloge Prinzipien können Werbung zu fesselnden kleinen Geschichten machen. So verpackt stört uns Werbung nicht. Und erstaunlicherweise fühlen sich dann auch viel weniger Menschen von ihr manipuliert. Genervt sind wir nämlich vor allem dann, wenn Werbung uns nur mit bedeutungslosen, langweiligen und immer gleichen Nachrichten ohne Tiefgang begegnet.

Oftmals bringt bereits das Aufgreifen einzelner Märchenelemente Tiefe und Relevanz in eine Werbegeschichte. Gemeint ist damit nicht, dass irgendwelche Märchenfiguren wie Rotkäppchen, Wölfe, Zauberer oder Hexen in Werbespots herumspringen. Vielmehr ist hier von märchenanalogen Prinzipien auf formaler Ebene einerseits und inhaltlich-struktureller Ebene andererseits die Rede.

Ohne Anspruch auf Vollständigkeit werden im Nachfolgenden sechs märchenanaloge Prinzipien prototypisch beschrieben und in Austausch mit Werbung gebracht. Zunächst wird sich mit dem beschäftigt, was von Märchen und Werbung hängen bleibt: verdichtende Zusammenfassungen in Form von Sprüchen wie »Spieglein, Spieglein« oder »Ruckedigu, Blut ist im Schuh«. Sie finden ihre Entsprechung in Werbejingles und -claims. Als Zweites steht die Magie der Verwandlung bei Märchen und Werbung im Zentrum sowie die Frage, wie realistisch Werbung eigentlich sein muss. Die Geschichten der Helden und die Identifikation mit modernen Heldentaten bilden den Kern des darauf folgenden Märchenprinzips. Anschließend geht es um die Faszination des Bösen. In Märchen deutlich erkennbar, findet sie sich in der Werbung eher verdeckt. Ohne das Abgründige aber wird Werbung schnell langweilig. Darauf folgt die Kraft der Wiederholung und die Magie der Zahl Drei. Zu guter Letzt geht es darum, warum das Happy End in Märchen und Werbung uns so viel bedeutet.

I Spieglein, Spieglein an der Wand – sich einen Reim machen mit Jingles und Claims

Claims und Werbeslogans eignen sich gut, um ein erstes märchenanaloges Prinzip zu verdeutlichen. Schon als Kinder hatten wir Spaß daran, klatschend und reimend etwas nachzusingen. Gerade als Kind. Und eigentlich mögen wir als Erwachsene immer noch solche Botschaften, die rhythmisch oder gereimt und eingängig sind. Das merken wir an Schlagern und Ohrwürmern, die nicht aus unserem Kopf wollen. Nur geben wir das als Erwachsene vielleicht nicht mehr so zu. Vor anderen nicht und zum Teil noch nicht einmal vor uns selbst (... summen aber trotzdem den ganzen Tag *Atemlos* vor uns hin).

Ein gutes Beispiel sind auch Schlachtrufe, wie wir sie aus dem Fußball kennen. Bei Pokalspielen wird oftmals bereits ab der zweiten Runde »Berlin, Berlin, wir fahren nach Berli« gesungen. Von diesen Fußballclaims gibt es eine Menge mehr und auch deftigere. Das wissen alle, die sich mal in den Süd-, Ost-, West- oder Nordkurven von Stadien herumgetrieben haben.

Leider sind solche Claims, Schlachtrufe oder Reime bei den Werbern etwas aus der Mode geraten. Kaum noch wird sich die Mühe gemacht, uns einen wirklich reimend-rhythmischen Abschluss der Werbung zu präsentieren. Leider muss man wohl in vielerlei Hinsicht sagen. Denn eigentlich hat Werbung ja das Ziel, etwas bei uns zu erreichen. Wenn sie sich aber nicht genug Mühe gibt, uns auf ansprechende Weise zu umwerben, wehren wir uns zu Recht gegen sie. Aktuell gibt sich die Werbung, nicht nur bezogen auf die Claims, nicht genug Mühe. Gerade das werbliche Schlusswort wird oft nur als lästiges Anhängsel verstanden.

Es wird oft nicht einmal in Werbemitteltests mit überprüft. Schon gar nicht in einer psychologischen Studie. Schnell zusammengeschustert entstehen nahezu bedeutungslose Sätze wie »Immer gut beraten« oder »Wir sind die Guten«, die wahlweise für Banken, Versicherungen und Arbeitsämter verwendet werden. In solchen »Sprüchen« steckt wenig Mehrwert für die Menschen. Natürlich erwarten wir Gutes fürs Geld. Aber stellen wir uns eine Marke einmal als Mensch vor. Dieser sagt uns beim Kennenlernen und auch danach immer wieder: »Ich bin toll.« Seine Erwartung ist, als Freund oder gar Lebenspartner ins Haus zu kommen oder mitgenommen zu werden. Wohl kaum eine überzeugende Strategie. Da wollen wir schon etwas mehr erfahren: Spezielleres und auch durchaus etwas, das über eine reine Selbstbeweihräucherung der Marken oder des Unternehmens hinausgeht. Ähnliches gilt natürlich im Bereich Essen und Getränke. Dass es schmeckt, lecker ist oder sogar ein Genuss, reicht als Werbebotschaft nicht aus. Weil wir diese Lieblosigkeit in der Ansprache spüren, lehnen wir die Werbung und ihre gedankenlosen Sprüche häufig ab.

Das ist schade für uns, denn wir haben im Moment nur noch sehr selten Spaß an der Werbung. Die meiste Zeit nervt sie uns und wir grenzen uns von ihr ab. Der Spaß kommt natürlich nicht nur über die guten Claims und Werbe-Jingles. Aber eben auch, denn sie sind Bestandteil einer guten Werbung, runden sie ab und liefern die verdichtete Botschaft zum Mitnehmen.

Eine wirklich gute Botschaft bleibt. Viele singen noch die Werbe-Jingles aus ihrer Kindheit, wie »Kaum steh ich hier und singe«, »Ich will so bleiben, wie ich bin«, »First time – first love« oder »McDonald's ist einfach gut«. Menschen sehnen sich nach solchen treffenden Zusammenfassungen. Ein guter Claim fasst die ganze Werbegeschichte zusammen, so, wie die Märchen es in ihren prägenden Botschaften tun. Jedes Mal, wenn wir »Etwas Besseres als den Tod finden wir überall« hören, denken wir die ganze Geschichte insgeheim mit. Mehr noch, wir spüren die Grundproblematik des Märchens in genau diesem »Claim«. Beispielsweise, dass auf lebenslange Treue ein ungerechtes Schicksal folgen kann, welches man nicht akzeptieren will. Bei »Ruckedigu, Blut ist im Schuh« wird nicht nur hinterhältiges Verhalten sichtbar, sondern auch, wie sehr Anpassung mit Selbstverstümmelung einhergehen kann. Ein guter Claim wirkt auf das Herz und den Verstand. Er spiegelt die Grundproblematik des Märchens in einer verdichteten Form – das ist für das Herz. Wenn er leicht von der Zunge geht, ist der Verstand auch einverstanden und man merkt sich die Botschaft. Natürlich kommt es dabei nicht nur auf Reim und Rhythmus an, sondern eben auch darauf, dass der Kern der Botschaft getroffen wird. Nicht in logischer Weise, sondern in psychologischer Weise müssen wir uns einen Reim auf den Claim machen können.

Warum uns *Haribo* froh macht

Der *Haribo*-Claim macht sich eine alte Märchenmethode zu Nutze. Während uns andere Sprüche bereits nach kurzer Zeit nerven können, wird uns diese Botschaft auch nach Jahrzehnten nicht langweilig. Bei *Haribo* verstehen wir jedes Mal, wenn wir eine Tüte öffnen, die ganze Geschichte, nämlich dass Kinder und Erwachsene gleichermaßen mit ihnen Spaß haben können. Das mag zunächst einfach klingen. Ist es aber ganz und gar nicht. Denn die Werber verzweifeln fast immer an einer solch gemeinschaftlichen Ansprache von Groß und Klein. Ein niedliches Kinderprodukt wie ein solch kleines buntes Bärchen soll auch für Erwachsene attraktiv sein? Und Jugendlichen ist es nicht peinlich?

So banal der Reim des frohmachenden *Haribo*-Bärchens auf der einen Seite sein mag, so genial ist er auf der anderen. Denn er erlaubt Erwachsenen, für einen kurzen Moment wieder kindlich zu sein, in süßen Welten zu schwelgen, ohne sich zu schämen. Kinder können sich umgekehrt freuen, dass sie mit einem für sie ansprechenden Produkt wie den bunten Figürchen schon fast groß sind, weil sie das Gleiche essen wie Mama oder Papa. Denn das wollen alle Kinder: Groß werden oder schon groß sein. Das gelingt *Haribo* in Deutschland auch mit der Wahl seiner prominenten Testimonials.[29] Man hört »I feel good« als Hintergrundmusik, (ja, *Haribo* macht froh!) und der ganze Spot kann im Gospel-Stil mitgeklatscht werden. Claim und Neuinszenierung der breiten Ansprache von Groß und Klein passen hervorragend zusammen.

Ein Beispiel, das zeigt, wie gut Werbung gelingt, wenn sie nicht nur Sprüche klopft, sondern Reime findet, die märchenanalog sind und seelische Grundprinzipien mitbewegen. Wie hier das kindliche Verlangen des Groß-Werdens und die erwachsene Lust am Regredieren.

Come in and find out – wie wir zu uns finden

Einer der Claims, dem es gelungen ist, existenzielle seelische Motive aufzugreifen und zusammenzufassen, ist sicher auch der ehemalige Slogan der Parfümerie-Kette *Douglas* »Come in and find out«. Er ist den Menschen immer noch im Gedächtnis – und ständig wird mit ihm gespielt und herumgealbert. Von so manchem Englischkenner wurde er auch mit: »Komm rein und finde wieder heraus« übersetzt. Grundsätzlich ist aber das Sichlustigmachen und das ständige Zitieren eine Form des intensiven Auseinandersetzens. Werbung, die in ironisierender Weise in aller Munde ist, trifft fast immer grundsätzliche seelische Belange. Der Claim ist psychologisch betrachtet eine Aufforderung zur Auseinandersetzung mit sich selbst. Die seelische Verfassung, in der sich Frauen für Schönheitsprodukte interessieren, sind nicht selten von kleinen Sinnkrisen geprägt. Sie fühlen sich beim Blick in den Spiegel so gar nicht wie die Schönste im ganzen Land, sondern eher wie ein hässliches Entlein. Konkrete Probleme wie Augenringe, Falten, trockene Haut, Pickel, glänzende Haut sind scheinbar äußere Anlässe, um sich auf die Suche zu begeben – nach einem besseren Selbstwertgefühl, nach einer neuen Identität oder einem anderen Leben. Denn oft ist der Wunsch nach einer äußerlichen Problembehandlung nur ein Zeichen dafür, dass man sich insgesamt schwach und unsicher fühlt.

Wenn man sich damit nicht abfinden will, dann zieht man vielleicht in die Welt hinaus – um etwas Besseres als den Tod zu finden. Das findet man vielleicht überall. Aber ganz besonders bei *Douglas*. Die Schönheit steht nämlich in einem besonderen Zusammenhang zum Alter. Faltenfreiheit ist immer ein Zeichen von Jugend. Und solange wir jung sind oder zumindest so aussehen, fühlen wir uns stark. Jugendlicher Leichtsinn entsteht nicht selten aus dem Gefühl der Unverwundbarkeit heraus. Das Streben nach Schönheit und makellosem Aussehen ist ein insgeheimes Streben nach Unsterblichkeit.[30] Wir alle wünschen uns, dass irgendetwas von uns Geschaffenes uns selbst überdauert oder wir zumindest in irgendeiner Weise in Erinnerung bleiben. Paradoxerweise glauben wir, gerade durch jugendliches Aussehen zu unseren Lebzeiten eine Aura der Unsterblichkeit vermitteln zu können. Denn wenn die Zeichen der Zeit an uns spurlos vorüberziehen, dann kann es ja nur so sein, dass für uns die Gesetzmäßigkeiten der Normalsterblichen nicht gelten. Ausgerechnet die vergänglichste aller menschlichen Eigenschaften, die Schönheit, wird so zu einem Symbol dieser Unsterblichkeit. Vor diesem Hintergrund lassen sich auch die Schönheitsoperationen und der Hype um Botox- oder Hyaloron-Injektionen besser verstehen. Und wenn Iris Berben auf die Frage nach ihrem Beauty-Geheimnis antwortet, sie trinke eigentlich nur viel Wasser – dann ist klar, dass sie damit eigentlich nur ihre Sonderrolle im Gerangel der »Unsterblichen« deutlich machen will. Losziehen und etwas Besseres finden, weil man sich nicht wohl in seiner Haut fühlt, ist also die Grundmotivation beim Schönheitsshopping. Und *Douglas* bietet den Suchenden im übertragenen Sinne eine neue Heimat (Come in!), wenn der alte Lebensentwurf unangenehm wird oder ausgedient hat – wie der der Bremer Stadtmusikanten. Zunächst muss man also einmal reinkommen und dann ausprobieren, wie es sich anfühlt, jemand anders zu werden, mit einem neuen Lippenstift oder einer vielversprechenden Creme. Auch das beinhaltet der Claim: Find out – wer du sein willst, wie du sein willst und vor allem, dass es sich besser anfühlt als vorher. Dieses Versprechen hält *Douglas* freilich nicht immer ein. Zu viel Arroganz kann leicht dazu beitragen, dass man sich hinterher sogar noch schlechter fühlt als vorher. Wichtig ist daher bei der Werbung, nicht zu viel zu versprechen. Statt aber, wie bei *Douglas* inzwischen mehrfach geschehen, den Claim zu ändern, wäre es wohl der bessere Plan, daran zu arbeiten, das Versprechen einzulösen. Und den Claim wird *Douglas* vermutlich ohnehin nicht mehr los.

Das ist nicht lustig, aber funny – der Ernst des Lebens

Kaum noch machen sich Unternehmen die Mühe, einen Claim, der wirklich auch seelisch relevant ist, zu finden. Mit »Das ist nicht lustig, aber funny ...« ist *funny frisch* das gelungen. Er ist zwar noch nicht in aller Munde – denn es dauert ja bekanntlich circa zehn Jahre, über Nacht berühmt zu werden. Sollte das Unternehmen aber die nötige Geduld aufbringen und den Claim nicht zu frühzeitig wieder aufgeben, dürfte er Unsterblichkeitspotenzial besitzen.

Es passiert selten genug, dass der Markenname in einen zusammenhängenden Satz eingebettet werden kann. Noch seltener ist, dass er auch psychologisch richtig viel Sinn macht. Beim Chips-Essen geht es vermeintlich um Genuss. Das ist richtig – zumindest auch. Denn noch zentraler ist, dass es dabei um Entspannung geht. Nach einem anstrengenden Tag, einer anstrengenden Woche wollen es sich viele gern mit einer Tüte der salzigen Snacks auf dem Sofa gemütlich machen. Allerdings kommt bei genauerer Betrachtung das Chips-Essen vor dem eigentlich gemütlichen Teil. Denn nicht selten hat man noch eine Menge zu verarbeiten, während man die Chips im Mund krachen lässt. Ärger mit dem Chef vielleicht? Den ganzen Tag über Schüler aufgeregt? Der eigene Mann hat wieder an der Figur rumgemeckert? Erstmal helfen die Chips beim Spannungsabbau. Denn anders als Schokolade sind sie nicht schmelzend zart, sondern knusprig-krachend. Und dann, wenn die Tüte leer ist, hat man es endlich richtig gemütlich.

Den ernsten Teil des Lebens hat man gerade mit den Chips ordentlich verarbeitet und zerkleinert. Der war nicht lustig, wird aber durch die Chips wieder funny. Der Inhalt schmeckt nämlich nicht nur, sondern tut ebenso dem seelischen Abreagieren sehr gut. In diesen Claims stecken bei konkreter Analyse viel Psychologie und Lösungsvorschläge für essenzielle, alltägliche Dilemmata.

Es lohnt sich, einen treffenden Claim für eine Marke zu finden. Wenn er Problem und Lösung gleichzeitig auf den Punkt bringt, eignet er sich besonders gut zum Mitnehmen der Werbe-Botschaft. Denn dann wird er im Herz statt nur im Kurzzeitgedächtnis abgespeichert.

Ohrwürmer und Jingles

»Rückhörend« wurden in den 1970er- und 1980er-Jahren mehr Produkte besungen als heute. Musik sollte etwas für die Marken bewegen und bewegte die Menschen im wahrsten Sinne des Wortes gleichzeitig mit: Mitwippend trällerten viele ihre Lieblingswerbeslogans. Werber scheuen sich heute, ihre Claims zu vertonen. Übriggeblieben sind kleine musikalische »Key Audials« wie von der Telekom oder Audi. Lediglich durch die dauernde Wiederholung sind diese ebenfalls vielen bekannt, wirken aber, weil sie digital am Computer erzeugt wurden, deutlich emotionsloser und distanter als der gesungene Laut. Nun mag so mancher einwenden, dass es bei Audi und Telekom eher um Technik geht und nicht um Emotionalität: ein Trugschluss.[31] Das Seelische ist niemals unemotional, gerade und besonders auch dann nicht, wenn es sachlich zugehen soll. Denn das Sachliche ist eine punktuelle Lösung für das Seelische, das alle Regungen und Neigungen für einen Moment zusammenbringt. Schon an den nicht selten euphorischen Schwärmereien für die Technik – sei es für das neue *iPhone* oder den *Tesla* – wird deutlich, wie viel Emotion in der Versachlichung steckt.

Die allermeisten Marken verzichten inzwischen gänzlich auf musikalische Untermalung. Viele mögen es noch nicht einmal bewusst realisiert haben. Aber dies ist auch ein Grund, warum es immer weniger Werbebotschaften in unsere Köpfe oder gar Herzen schaffen. Sie »bewegen« uns schlicht nicht mehr. Musik löst mindestens so starke Emotionen aus wie Bilder. Sie verleitet uns außerdem viel stärker zum Nachempfinden der Werbebotschaft und wird durch die dazugehörige Körperbewegung verinnerlicht. Bei den Telekom-, Audi- und Intel-Jingles gerät das Blut hingegen wohl kaum in Wallung (das heißt natürlich nicht, dass insbesondere Audi nicht durchaus auch emotional positioniert ist – hier geht es einzig um den »Abschlussakkord«).

Dass aber ein Claim auch ohne unmittelbar sinnvollen Text funktionieren kann, zeigt ein Sommerhit: Wer gelegentlich Castingshows sieht oder Kindergartenkinder hat, ist seinerzeit an dem Ohrwurm *Nossa* nicht vorbeigekommen. Auch ohne Textkenntnis wurde der Song fröhlich bis nervtötend nachgesungen. Kleinkinder imitierten genauso ungefähr das, was sie hörten, wie ausgewachsene Ballermanngänger: »Eisiltjepego, ei, ei siltjepego ...« (Anm.: Lautmalerisch für ›Ai se eu te pego‹). Die meisten dürften kaum gewusst haben, was das Gesungene bedeutet. Dennoch scheinen sie eine Botschaft verstanden zu haben, die sie durch ihre Verlautbarungen verbreiten.

Nossa macht als Song deutlich, wie viel Bindung und Emotion durch Jingles entstehen können. Dabei ist es noch nicht einmal wichtig, den Text vollständig zu verstehen. Botschaften erreichen uns auch durch Lautmalerei und Ungefähres. Gerade das Unbewusste nimmt es mit dem präzisen Text nicht so genau. Streichelnde und gleichzeitig bewegende »Laute« sind für das Seelische sinnvoll, auch ohne Umweg über den Verstand. Die Werbung könnte sich auch das wieder viel mehr zu Nutze machen. Wenn keine überzeugenden sprachlichen Argumente gefunden werden, dann ist es klug, nach bewegender Musik Ausschau zu halten. Denn ein vager, schwungvoll gesungener Jingle ist besser als nichts. Wie wenig da schon ausreicht, zeigte auch die *Leerdammer*-Musik aus den 1990ern, die einfach nur das »Mmmmmh, mmmmh, mmmh« aus dem gleichnahmigen Song der *Crash Test Dummies* summte. Dass das Produkt lecker ist, brauchte nicht mehr zusätzlich erwähnt zu werden. Besser als eine reine digitale Dreitonmusik dürfte die Wirkung auch sein. Aber ein gesungener Claim mit einer sprachlichen Botschaft ist das Optimum für unser Seelisches! Er schafft nicht nur Ordnung, gibt Halt und Sicherheit, sondern zeigt auch, wie wir unser Seelisches in bestimmten wiederkehrenden Situationen durch die Mithilfe von Produkten und Marken organisieren können. Abrufbar, nachsingbar als Formel zum Mitnehmen: Wenn wir als Erwachsene regredieren wollen, greifen wir zu *Haribo*-Gummibärchen, wenn wir auf der Suche nach uns sind, kann *Douglas* vielleicht weiterhelfen, und wenn wir abends viel Ärger durchkauen müssen, sind *funny frisch*-Chips eine gute Wahl.

Manch ein Werbetreibender mag an dieser Stelle einwenden: »Gesungene, sich reimende Jingles, das ist doch out. Kein Mensch macht das heute noch.« Die seltene Nutzung dieses Märchenprinzips für die Werbung zeugt aber weder von Rückständigkeit noch von Wirkungslosigkeit. Es zeugt lediglich oftmals von fehlendem Mut, mangelnder Fantasie und gescheutem Aufwand. Mut braucht es, weil ein solcher Reim nicht nur im Ohr bleibt, sondern auch seelisch berührt. Man kann sich dann auch als Werbetreibender die Werbung nicht mehr so leicht vom Leib halten, sondern muss sich mit ihr auseinandersetzen. Fantasie braucht es, weil es ein großes Stück Kreativität erfordert, die wesentlichen Motivationen in einem passenden reimenden Rhythmus zusammenzufassen. Und schließlich braucht es Ausdauer und Geduld, denn ein wohlklingender Claim fällt selten vom Himmel.

II Magische Verwandlungen

Warum Werbung nicht realistisch sein muss

Ein häufiger Vorwurf an die Werbung ist, dass sie übertreibe, unlogisch oder unrealistisch sei. Überraschend ist allerdings, wie häufig Logik keine Rolle dabei spielt, ob uns eine Werbung fasziniert oder nicht. Oft stimmt, wenn wir auf der rationalen Ebene etwas gegen die Werbung haben, eigentlich auf der emotionalen Ebene etwas nicht. Dann scheint die Cover-Story zwar irgendwie logisch, aber die Impact-Story trifft nicht unsere Werte oder sorgt sich nicht um unsere Probleme. Umgekehrt können wir die verrücktesten und fantasievollsten Verwandlungsgeschichten sehr ernst nehmen und uns über jede Logik hinwegsetzen, wenn wir uns auf der tieferen Impact-Ebene berührt fühlen.

Wiederum sind es die Kinder, die uns die Verwandlungsmöglichkeiten im Alltag vor Augen führen. Sie werden von einem Moment zum anderen böse Tiger, verwandeln Sofakissen in Ritterburgen oder sprechen mit ihren Stofftieren. Für Kinder ist auch magisches Denken selbstverständlich. Ein rollender Stein lebt, weil er sich bewegt. Die Sonne scheint willentlich, um uns zu wärmen. Der Himmel ist traurig, wenn es regnet – und die Tasse, die auf dem Kopf steht, müde. Auch wenn Erwachsene die kindliche Weltsicht oft belächeln, sitzt sie doch oft unbewusst fest und manifestiert sich in kleinen, schicksalsbeschwörenden Handlungen, wie den Regenschirm mitzunehmen, wenn die Sonne scheint. Eine Versicherung abzuschließen, um sich gegen die Schicksalsschläge des Lebens zu wappnen. Auf Holz zu klopfen, im Flugzeug die Sitznummer 13 auszusparen (das tun im Übrigen sogar die Fluggesellschaften selbst!), an Silvester bleizugießen, vierblättrige Kleeblätter zu suchen. Und schließlich Frösche zu küssen, um den Prinzen zu finden.

Der Animismus, also der Glaube, dass Tiere oder Pflanzen menschenähnliche Gefühle und Bedürfnisse haben oder gar willentlich handeln, wohnt einigen Kulturen heute noch inne. Wir neigen allerdings dazu, diese Denkweise den primitiven Völkern zuzuschreiben. Die Fragen, inwiefern Kinder von uns ebenfalls eher schlichte Züge zugeschrieben werden, sei hier außen vor gelassen. Aber selbst die Weltreligion des Hinduismus verehrt die Kühe als heilig und geht davon aus, dass jede Made in der Lage ist, sich ein besseres nächstes Leben zu erarbeiten. Im Buch *Mieses Karma* von David Safir wird umgekehrt sehr amüsant beschrieben, wie der einstige Casanova als Ameise für seine Taten aus dem vorherigen Leben büßen muss.[32]

Magische Verwandlungen sind letztlich Entwicklungsversprechen. Sie zeigen auf, wohin die Reise gehen kann, was anders werden kann. Man kann Verwandlungen und Magie symbolisch verstehen und unsere Seele tut das. In den Märchen zeigen sie nicht nur, was man alles werden kann, sondern auch, wo man feststeckt und nicht weiter kommt, als wäre man versteinert oder verwunschen. Werbung, die sich diese Prinzipien zu Nutze macht, setzt sich erstaunlich lange fest. Nicht nur in unseren Köpfen. Mit Magie und Verwandlung in der Werbung zu arbeiten, ist nicht nur ein aufmerksamkeitsstarkes Stilmittel, sondern birgt ungeahnte Möglichkeiten. Eigentlich erfüllt dieses Märchenprinzip den heimlichen Wunsch aller Werber: Mit dem Produkt den Menschen helfen zu können, ganz anders und besonders zu sein. Und zu zeigen, dass mit dieser Marke eine Verwandlung im eigenen Leben einsetzt. Insbesondere dann, wenn die Magie an generelle Motivationen und Gefühlslagen geknüpft ist, die wir aus unserem Alltag kennen, wird uns die Werbung berühren. Richtig eingesetzt, treffen Verwandlungen mitten in unsere Seele und überzeugen uns viel tiefgründiger als rationale Versprechungen – gerade auch uns Erwachsene.

Da werd' ich zur Diva – ein anderer werden

Als Erwachsene meinen wir, vernunftgesteuert zu sein. Magie und der Spaß an Verwandlungen kommt quasi nicht mehr vor. Außer vielleicht in Spielfilmen wie *Matrix* oder Büchern wie *Harry Potter*. Diese faszinieren uns dann sehr. Weil wir unbewusst immer damit spielen, was wir alles werden können. Wir schmeißen mindestens alle paar Tage unseren aktuellen Beruf, vielleicht auch unsere Beziehung und unsere komplette Lebenssituation einmal über Bord. Heimlich. Wir malen uns aus, wie es anders sein könnte.

Wie es zum Beispiel wäre, endlich mal in zerrissenen Jeans durch San Francisco zu laufen. Oder mit Manuel Neuer bei der Siegesfeier vom FC Bayern dabei zu sein. Dazu verwandelt sich in der Werbung die Freundin auf dem Sofa in den Nationaltorwart. Der junge Mann begleitet Neuer ins Stadion und in die Kabine. Mit *Coke Zero* ist all das möglich. Der volle Geschmack und das tolle Erlebnis, das »Mann« sich wünscht. So muss man auch nicht bereuen, der Fußballleidenschaft gefrönt zu haben. Denn abends verwandelt sich Neuer wieder in die schöne Freundin, die bereits wartend im Bett liegt. *Coke Zero* zeigt uns durch diese Verwandlungen, wie wir unsere seelischen Verfassungen ausleben können. Genießen in einer Verwandlung auf Zeit ist ein attraktives Versprechen.

Ein ähnliches Verwandlungsbeispiel heimste vor wenigen Jahren viele Klicks auf Youtube ein. Die herumzickende Diva Joan Collins, bekannt als Denver-Clan-Biest, findet durch den Verzehr von *Snickers* wieder zu sich und wird zum lässigen Typen. Hier wird durch ein Produkt sogar eine magische Erlösung von inneren Dämonen erreicht. Unrealistisch, natürlich. Aber psycho-logisch und daher emotional und wirkungsvoll. Mit *Snickers* gelingt es, einen Verfassungswechsel einzuleiten, den wir alle nur allzu gut kennen: Wir sind hungrig und nörgeln. Das ist die Ausgangslage. Wir werden zur Diva. Dann beißen wir in den Riegel. Die Rück-Verwandlung beginnt. Gott sei Dank, wir sind wieder wir selbst. Über diesen Spot hat damals nicht nur das halbe Netz gelacht.

Die magische Verwandlung ist ein wichtiges märchenhaftes Prinzip, dessen sich bewegende Werbung bedient. Verwandlung und Entwicklung sind Prozesse, nach denen sich unser Seelisches immer sehnt. Wie kann es weitergehen, was kann werden, auf welche Wege kann ich mich (gefahrlos) begeben, wie kann ich anders werden? Werbung, die mit Verwandlungen arbeitet – gerade auch mit Verwandlungen von Menschen selbst – greift die ständige Unruhe unseres Seelenlebens auf. Die ist, neben der Sehnsucht nach Ordnung und Sicherheit, immer da und treibt uns voran. Marken, die uns Verwandlungsangebote – und sei es nur auf Zeit – machen, sind für uns sehr attraktiv. Dennoch wird dieses Märchenprinzip noch seltener eingesetzt als die gesungenen, sich reimenden Claims.

Der Prozess der Verwandlung ist fesselnd und unheimlich zugleich. Deshalb kann er auch leicht schiefgehen. Wie in der Werbung für *Mövenpick*-Eis. Hier öffnet sich nach langem Ritt ein Pferdehals wie ein Kühlschrank, und das Eis wird präsentiert. Alle, die diese Werbung gesehen haben, reagierten irgendwie geschockt und haben dennoch diese Szene nicht vergessen. Ob die fesselnde Verwandlung auch zu entfesseltem Eiskonsum führt, ist unwahrscheinlich, denn die Verwandlung wird hier nicht positiv sondern verstörend empfunden. Das Produkt läutet, anders als *Snickers* oder *Coke Zero*, keine positive Verwandlung ein. Dass ein geöffneter Pferdekopf sich in einen Kühlschrank verwandelt, hat weder für das Produkt noch für das Erleben der Menschen irgendeinen mundenden Beigeschmack.

Wir brauchen neben der attraktiven Verwandlung und dem positiven Produktbezug ein Happy End.[33] Auch dieses findet sich immer wieder in den Märchen. In der *Coke Zero*-Werbung ist am Ende alles wieder beim Alten. An der aufregenden Verwandlung konnte genippt werden – aber zum Schluss ist die schöne Freundin wieder im eigenen Schlafzimmer. Das ist für uns nicht übertrieben oder unglaubwürdig, sondern quasi die Rückführung in die Realität.

Den Nagel auf den Kopf getroffen:
fantastisches Heimwerken

Das Verwandlungsprinzip tritt in der Werbung auf unterschiedliche Art in Erscheinung. Bei *Coke Zero* und bei *Snickers* verwandeln sich die Menschen selbst. Weil dies zwar aufmerksamkeitsstark, aber auch riskant ist, greift gute Werbung die Magie des Seelischen auch anhand von Tagträumen auf. Bei Hornbach versucht sich ein Heimwerker beim Bau einer Terrasse und am Nagel-Einschlagen. Zweimal schlägt er daneben, der dritte Schlag ist der Befreiungsschlag, begleitet von einer atemberaubenden, zerdehnten Tagtraum-Inszenierung. Während er mit dem Hammer ausholt, wird zunächst das Reh im Wald aufmerksam, dann eine immer größer werdende Engelschar, bis zum Schluss auch noch eine riesige Menschenmenge in den Jubel für den glorreichen Handwerker einstimmt. Der übersteigerte, fantasievolle Tagtraum könnte wiederum als übertrieben abgewertet werden. Schließlich wird hier nur ein Nagel eingeschlagen. Aber die tiefere Analyse von Tagträumen zeigt, wie gelungen diese Fantasiereise ist.[34] Tagträume setzen vor allem während monotoner oder routinierter Tätigkeiten ein: Beim Abspülen und beim Einsortieren der Wäsche, beim Autofahren, beim Rasenmähen oder beim Streichen einer Wand. Aber auch beim Lernen oder Lesen eines langweiligen Buches. Entweder unsere Gedanken schweifen komplett ab, oder aber unsere Fantasie übersteigert das Erlebte. Diese Form der seelischen Verwandlungen zeigt, was sein könnte. Im Werbebeispiel wird der Heimwerker zum glorreichen Helden, dem Engel, Mensch und Tier zujubeln. Er lebt seine Größen- und Allmachtfantasien aus und übersteigert den Schöpfungsgedanken, der mit

dem Werkeln verbunden ist. Dieses »fantastische« Abschwei-
fen hilft ihm letztlich, bei der Sache zu bleiben. Er kann nicht
nur seine Arbeit zu Ende führen, sondern auch den Nagel
auf den Kopf treffen. Wie in diesem Fall auch die Werbung.

Wenn die Verwandlung in Form von Tagträumen dargestellt wird, führt das zu einer anderen Produktaussage
als bei der kompletten Verwandlung von Menschen. Hier
unterstützt die Marke oder das Produkt ein Durchhalten
und Dranbleiben. Hornbach zeigt, dass es sich lohnt, etwas
zu Ende zu bringen. Anders als bei *Snickers* wird kein Verfassungswechsel von übel- zu gutgelaunt versprochen. Das
werbliche Kopfkino dient vielmehr dazu, das Durchhalten
erträglicher zu machen und sich trotzdem oder gerade dadurch in jemand Besonderen verwandeln zu können (hier
zum Heimwerkerhelden). Denn was uns nervt oder zu
sehr anstrengt, wird gerne mal unterbrochen und bleibt liegen. Die Werbung von Hornbach greift diesen essenziellen
Seelenzustand auf und bietet Unterstützung. Sie zeigt den
Stolz auf ein abgeschlossenes Projekt in der Tagträumerei.
Sie motiviert darüber hinaus auch, unsäglich banale Tätigkeiten wie das Nagel-Einschlagen präzise zu Ende zu bringen. Den Tagtraum als märchenanaloges Verwandlungs-
moment für die Werbung einzusetzen, lohnt sich vor
allem dann, wenn es um Tätigkeiten geht, die langwierig,
wiederkehrend, monoton oder gar nervend sind. Neben
dem Heimwerken sind das beinahe alle Formen der Haus-
arbeit. Und dann spürt man, warum uns die Putz- und
Waschmittelwerbung oft so nervt. Sie wirkt fantasielos und
oftmals ohne jedes Aufgreifen von seelisch relevanten Zuständen, wenn sie nur zeigt, dass es vorher dreckig und
hinterher sauber ist. Das ist weder neu noch überraschend,
das wissen wir schon, seit es Putzmittelwerbung gibt.

Teddybären, Lila Kühe und der Tiger im Tank –
magische Verwandlungssymbole

Eine weitere Möglichkeit, die märchenanaloge Verwandlung in der Werbung aufzugreifen, ist die Verlebendigung und Vermenschlichung von Tieren. Oft sind diese Figuren sogar Markenicons[35] wie die Lila Kuh bei Milka. Als umherwandelnde magische Symbole bringen sie auf gelungene Weise unterschiedliche seelische Regungen zum Ausdruck. Wie Zwerge, Kobolde und eben auch die sprechende Tiere in den Märchen sind sie alles andere als realistisch. Aber glaubwürdiger als so mancher Mensch in der Werbung. Sie verbinden, was die anderen beiden Verwandlungsmechanismen separieren: Bei der Verwandlung des ganzen Menschen rückt die Veränderung in den Fokus, bei der fantastischen Verwandlung das Dranbleiben, die Sicherheit und die Konstanz. Magische Verwandlungssymbole stehen für Veränderung und Konstanz zugleich. Sie deuten auf Zauberhaftes und wunderbares Anderssein hin – und vermitteln dennoch die Sicherheit, dass es Unverrückbares im Leben gibt. Sie mildern also die Gefahr und das Unheimliche und greifen dennoch den Spaß des Seelischen an der Verwandlung auf. Die besondere Schwierigkeit hierbei ist natürlich, ein Symbol zu finden, das zur Marke passt, zeitlos funktioniert und mit dem sich eine tiefgründige Bedeutung verknüpfen lässt.

Von charmanten und kuscheligen Bären ...

Wenn ein Kreativer einem Unternehmen vorschlüge, einen Teddybären zu nehmen, diese wie eine Art Kasperlefigur zu animieren und als Werbeikone für eine Milchmarke in die

Alpen zu setzen, dann wäre ihm wohl der Rauswurf gewiss. Was haben Bären mit Milch zu tun? In den Alpen, in Plüsch?

Bärenmarke hat es getan – und den Bären zu ihrem Markenzeichen gemacht. Fast jeder hat das Tierchen sofort vor Augen. Es spaziert auf Weiden herum, versorgt, untersucht, melkt und streichelt Kühe. Und gilt als Beweis dafür, dass die (Kondens-)Milch von *Bärenmarke* besonders gehalt- und wertvoll ist. Natürlich wird auch die Tradition der Marke damit verbunden. Denn eigentlich handelte es sich ursprünglich bei dem Bären um das Wappenlogo der Stadt Bern im Allgäu, den Gründungssitz des Unternehmens. Der Bär aber hat sich verselbstständigt, ist lebendig geworden und geblieben. Auch heute noch, wo die Marke gegen die Generation Starbucks ankämpfen muss.

Wie kann ein Bär im sogenannten Mopro-Bereich (Molkereiprodukte) funktionieren? Zum einen steht ein Bär für ungezähmte Natürlichkeit. Das ist etwas, das wir uns implizit von der Milch erhoffen. Aber durch den Teddybären wird das Wilde und Ungezähmte domestiziert. Als Kuscheltier bringt er die natürliche Milch für uns in einer kultivierten und genießbaren Form nach Hause. Zu kultiviert vielleicht für die heutige Zeit: Denn Kondensmilch ist heutzutage nicht mehr so gefragt wie zwischen 1950 und 1980. Viele Menschen mögen das allzu Verarbeitete bei Naturprodukten nicht mehr und wünschen sich eher frische Milch – auch im Kaffee. *Bärenmarke* hat folgerichtig sein Angebot um frische Milch erweitert. Theoretisch kann der Kuschelbär auch die kindlich regressiven Tendenzen, die mit der frischen Milch einhergehen, aufgreifen. Bleibt die Frage, ob *Bärenmarke* diesen wichtigen Schritt nicht viel zu spät eingeleitet hat. Schade um den Bären wäre es auf jeden Fall. Denn die Zähmung des Wilden – auch in uns selbst – ist etwas, das wir täglich neu angehen müssen, aber nicht gänzlich loswerden wollen. Der (Teddy-)Bär bringt unseren Verwandlungswunsch – das Wilde – und unseren Kultivierungswunsch in einem (Werbe-)Symbol zum Ausdruck. So wie es uns zum Beispiel auch der Bär im Märchen von *Schneeweißchen und Rosenrot* zeigt. Immer wieder kommt er in das Haus der Mädchen, um dort zu überwintern. Auch in diesem Bären steckt das Kultivierte, das manchmal bei einer kleinen Verletzung golden durch sein Fell schimmert und später durch die Erlösung endgültig zum Vorschein kommt.

Nicht erlöst, sondern leider nur abgelöst ist ein anderer Werbebär: der *Charmin*-Bär, der für das gleichnamige Toilettenpapier warb. Dabei hatte er das Zauberhafte bereits in seinem Namen. Nun mögen im Zusammenhang mit Hygieneartikeln Bären mindestens ebenso wunderlich erscheinen wie im Milchbereich. Aber auch hier wurde ein Bär gezeichnet, der sich extrem kultiviert und sogar bei seinem Geschäft im Wald vorbildlich verhielt. Obwohl er rein rational durch das Papier den Wald noch mehr verschmutzte als mit dem einfachen Schiss, war der Vorgang seelenhygienisch eine saubere Sache. Denn ein Toilettenpapier, das sogar den wilden Bären zur Sauberkeit erzieht, musste auf außerordentliche Weise zur Kultivierung beitragen. Mit Weichheit, Mehrlagigkeit und guter Griffigkeit konnte es zu einem besonders zarten Abschluss des Abgangs führen. Der hinternwackelnde Kuschelbär umschmeichelte so auf charmante Art unsere Popos und verhalf zu einem streichelzarten Geschäft. Gleichzeitig symbolisierte der dicke braune Bär auf verdeckte Weise auch den besonders großen Haufen, auf den nicht wenige stolz in ihre Toilette blicken.

Offenbar waren aber die Werbetreibenden nicht überzeugt von dem Zauber des Bären oder er war ihnen selbst in der Bedeutung etwas peinlich. Und so entfernten sie ihn möglicherweise aus hygienischen Gründen: Nun gibt es nichts Braunes mehr im weißen Toilettenpapier-Geschäft.

... von zarten Lila Kühen ...

Um Zartheit und Braunes geht es auch bei der verwunschenen Lila Kuh, die Milka auf die Alpenwiese stellte. Ein Werbewesen, das so lange und durchschlagend in den Köpfen der Menschen existiert, dass angeblich Kinder aus bildungsschwachen Familien verwundert auf schwarz-weiße oder braune Kühe starren, wenn sie sie einmal zu sehen bekommen. Zumindest wird so manches Mal die Lila Kuh herangezogen, um zu verdeutlichen, wie schädlich doch die Werbung für die Bildung und die Kinder ist. Dabei haben Kinder keine Mühe, den Unterschied zwischen *Pokemons* oder Monstern in Computerspielen und der Realität zu verstehen. Vielmehr zeugt diese ständige Diskussion von einer intensiven Auseinandersetzung und insgeheimen Faszination, ähnlich wie das Sichlustigmachen über Werbung.[36] Auch und vor allem Erwachsene haben Spaß an der Lila Kuh. Dass sie das haben, müssen sie aber häufig abwehren. Sie präsentieren sich lieber als vernunftgeleitet und steuern mit der Überbetonung des Wissens, dass Kühe nicht lila sind, der gleichzeitigen Verwandlungsfaszination entgegen. Die Lila Kuh ist fast schon selbst eine Art Märchenfigur und erfährt von den Erwachsenen eine ähnliche Behandlung.

Milka – das steht zunächst für Milch und Kakao. *Suchard* war damals einer der ersten Hersteller, die der Tafelschokolade überhaupt Milch beimischte. Obwohl die Mischung aus Weiß und Braun nicht unbedingt lila ergibt, war bereits die erste Folie der Schokolade lila. Und die Kuh war ebenfalls schon darauf zu sehen. Nur lila wurde sie erst 1973. Und bis heute wandert die verzauberte Kuh auf völlig unrealistische Weise durch die Werbewelt. Sie vermittelt das Natürliche auf der einen Seite und das Besondere des Produktes – die Zartheit – auf der anderen. Diese wurde feinfühlig im Laufe der Zeit an die sich wandelnden Bedürfnisse angepasst und uminterpretiert.

Früher war es die »zarteste Versuchung, seit es Schokolade gibt«. Der Umgang mit Versuchungen stellte eine besondere Attraktion für die Menschen dar. Sogar für die gläubige Großmutter auf der Alm. Denn sich einer Versuchung, gar einer Sünde hinzugeben, war natürlich anrüchig. Wäre sie aber nicht auch reizvoll gewesen, wäre sie ja keine Versuchung. Wie schön, dass die Lila Kuh für eine erlaubte Sünde sorgte. Weil es ja nur eine zarte Sünde war, konnte sie nicht direkt in die Hölle führen. Heute erlauben sich die Menschen ohnehin viel mehr Sündiges. Auch die Hölle ist in den Augen vieler keine Bedrohung mehr. Denn schließlich kommen gute Menschen nur in den Himmel, böse aber überallhin. Eine erlaubte Sünde, sei sie noch so zart, ist für uns kein so relevantes Thema mehr. Denn unser Alltag hat sich verändert. Wir langen gern zu und gönnen uns mehr. Einerseits. Denn die Sünden, die wir uns gestatten, sind Belohnungen für jede Menge Disziplin und harte Arbeit. Wir sind Getriebene unserer eigenen Terminkalender. Wir können kaum noch Luft holen, haben selten Zeit für die, die wir lieben. Das Leben ist hart. Und Milka ist zart. Die Lila Kuh wandert heute durch die Straßen und stupst die Menschen an – sich zu küssen, sich zu umarmen, eben zarter miteinander umzugehen. Sie verzaubert die Menschen durch ihre Anwesenheit. Mit der zarten Schokolade kann man einen Moment gut zu sich selbst und zu den anderen sein. Das ist die heutige Form der Versuchung.

Was aber steckt noch in der Lila Kuh? Welche seelischen Ambivalenzen bringt dieses Symbol zusammen? Lila gilt in der Mode bei Frauen oftmals als letzter Versuch: Eine alte Redewendung, deren Ursprung nicht ganz geklärt ist.[37] Dennoch galt und gilt die Mischung aus Rot und Blau als kostbar.[38] Sie wird von den katholischen Bischöfen getragen und ist sogar die offizielle Farbe der evangelischen Kirche. Als Farbe ist Lila an sich schon eine Aussöhnung verschiedener Seiten: Das Rot des Körperlichen und die blaue Welt des Geistes und des Himmels werden in ihr vereint. Oft wird sie auch als Symbol für die Vereinigung der Geschlechter gesehen. Goethe beschrieb die Sehnsuchtsschwere (nach Vereinigung und Verschmelzung) von Lila in seiner Farbenlehre. Sie galt ihm als eine der sinnlichsten Farben.[39] So steht lila bei *Milka* also sinnbildlich für die Versuchung, für einen sinnlichen Verschmelzungswunsch. Sie drückt, ganz ähnlich wie das Tragen von Lila bei älteren Frauen, aus, dass es hier eben auch um Erotik geht. Wie überhaupt die Schokolake zumindest immer auch ein autoerotisches Verschmelzungsgefühl im Mund verursacht. Und was symbolisiert die Kuh? Auch wenn sie in unserer Kultur nicht als heilig angesehen wird, so gilt sie doch als reiner und unschuldiger als das Schwein. Sie lässt sich durch nichts aus der Ruhe bringen und strahlt Gelassenheit aus. Ihre Augen vermitteln Tiefgründigkeit – so unsere psychologischen Befragungen. Gepaart mit der Sinnlichkeit der Farbe Lila kann die *Milka*-Kuh unsere Versuchungstendenzen immer wieder in eine natürliche, unschuldige Richtung lenken. Wenn schon Sünde, dann die unschuldige, natürlichere zarte *Milka*-Schokolade. Die Lila Kuh söhnt Gier, symbolisiert auch durch die Farbe Lila, mit Ruhe und Gelassenheit aus.

Darüber hinaus bedient die bunte Kuh die Sehnsüchte der Menschen in der jeweiligen Zeit fast wie eine gute Fee. Zartheit wird in dem Aussöhnungssymbol immer wieder zeitgemäß interpretiert. So bleibt die Lila Kuh immer gleich und wird doch immer wieder anders. Ein echtes Verwandlungssymbol. Ein unumstößliches und zuverlässiges Zeichen für schmelzende Veränderung. Und ein wichtiges Thema für die Menschen: Wenn man derselbe bleiben will, muss man sich ständig verändern, sonst wirkt man irgendwann wie aus der Zeit gefallen.

... und dem Tiger im Tank

Ein etwas abgemildertes und aus gesellschaftspolitischen Gründen auch nicht mehr ganz so zeitgemäßes Thema ist der Tiger im Tank. Esso warb mit »Pack den Tiger in den Tank«, um die Power des Treibstoffes in ein unmittelbar einleuchtendes, aber auch magisches Bild zu bringen. Niemand vermutete, dass Esso wirklich Tiger zu Benzin verarbeitete. Dennoch lebt ein sehr animistischer Grundgedanke in dieser Idee. Der Verzehr von (Stier-) Hoden oder Hirn sollte bewirken, dass man sich der Potenz des Tieres oder gar der Intelligenz des Menschen in »religiösen« Riten bemächtigte. Aus ähnlichen Gründen werden zum Teil heute noch bestimmte Körperteile von Tieren verzehrt.[40] Die Übertragung der Tigerkraft auf den Treibstoff, spielt mit dem magisch motivierten Übertragungsglauben.

Nun möchte heute kaum noch jemand ohne Rücksicht auf die Umwelt die Leistungsfähigkeit seines Motors steigern. Bezüglich des Kraftstoffes bedarf es anderer Bilder.

Aber die Kraft des Tigers funktioniert auch in anderen Bereichen. Zum Beispiel beim Frühstück. *Kellogg's* nutzt ihn seit Jahren für seine Cerealien. Hier sollen nun die Kinder durch den Verzehr der zuckerhaltigen Cornflakes tigermäßige Energie für den Tag tanken.

Auch ohne die Tiere tatsächlich zu verspeisen, lässt sich ihre Kraft oder ihre Potenz für unser Seelisches nutzen. Schon in der Wappenheraldik von Rittern finden sich ebenfalls solche Tiere oder Fabelwesen als quasi magische Symbole.[41] Schwäne und Löwen konnten nicht nur beflügeln, sondern den Träger des Wappens in einen mutigen Kämpfer verwandeln.

Unser Seelenhaushalt kennt also eine Bandbreite an Verwandlungsformen, die die Werbung sich zu Nutze machen kann. Finden kann man sie in den Märchen, anwenden in unserem Alltag. Und das erstaunlichste: Magie macht Werbung realistischer und glaubwürdiger.

Magie und Verwandlung gehören zu dem märchenhaft Tiefgründigen, dessen sich die Werbung bedienen sollte. Verwandlung, Anders-Werden und Entwicklung sind seelische Tendenzen, die uns immer und überall begleiten. In unserem Alltag, in allen Lebensphasen, in fast jedem Zeitalter will Seelisches sich aus dem Bestehenden heraus weiterentwickeln. Gleichzeitig klebt es an Bekanntem, Gewohntem und hat Angst vor Veränderung. Wie Verwandlung gehen kann, kann uns die Werbung mit ihren Angeboten zeigen. Und auch, welch sinnvolle Verwandlungshilfen uns Produkte und Marken dabei sein können. Sie kann Verfassungswechsel inszenieren wie bei *Coke Zero* und *Snickers* – und uns damit als ganze Menschen verwandeln. Sie kann unsere Fantasie beflügeln und zeigen, dass auch Durchhalten zu Veränderungen des Bewusstseins führt wie bei Hornbach. Sie kann durch (tierische) Verwandlungssymbole Veränderungen und Sicherheit gleichzeitig vermitteln. So wie auch Zwerge und Hexen in den Märchen immer gleich sind und wir dennoch wissen: Durch sie wird sich etwas verändern.

Wie glaubwürdig ist die Glaubwürdigkeit?

Die immerwährende Diskussion über die Unglaubwürdigkeit der Werbung führt in die falsche Richtung. Natürlich darf die Werbung uns nicht bewusst hereinlegen. Psychologisch betrachtet hat Glaubwürdigkeit aber wenig mit Fakten und Realitäten zu tun. Wenn es zum Beispiel um Milchprodukte geht, möchte nahezu jeder Verbraucher Kühe auf einer Alm sehen, auch wenn die meisten Kühe heute in Ställen gehalten werden. Die Glaubwürdigkeit eines Herstellers wird aber kaum steigen, wenn er mit Kühen in Stallhaltung wirbt – obwohl er dann ehrlicher wäre als seine Wettbewerber.

Man kann es noch weiter treiben: Wie viele Leute werden wohl die Frage, ob sie an den Weihnachtsmann oder Osterhasen glauben, mit »Ja« beantworten? Wenige. Bedeutet aber das Nicht-Glauben an den Weihnachtsmann, dass man ihn besser abschafft? Als Werbefigur, als Figur unserer Träume und Wünsche? Wäre die Unglaubwürdigkeit des Osterhasen nicht auch Grund genug, keine Schokoosterhasen mehr auf den Markt zu bringen? Schließlich könnte unter diesem unrealistischen Produkt auch die

Glaubwürdigkeit des Herstellers leiden. *Lindt* bietet mit einem Kilogramm den größten Osterhasen der Branche an. Und ist einer der glaubwürdigsten und qualitativ hochwertigsten Schokoladenanbieter überhaupt.

In Wahrheit spielt die Wahrheit beim Thema Glaubwürdigkeit in der Werbung kaum eine Rolle. Vielmehr hängt die Glaubwürdigkeit vom Aufgreifen seelisch relevanter Verwendungsmotivationen, attraktiver Verwandlungsmöglichkeiten und der Ansprache existenzieller wie gesellschaftlich relevanter Themen ab. Sie ist eng damit verbunden, was die Menschen sich wünschen. Kurz: Man glaubt das, was man gerne glauben will. Und wenn die Werbung Hilfen für Lebens- und Alltagsthemen anbietet, darf sie auch magische Prinzipien und unrealistische Verwandlungen nutzen, um besonders zu berühren.

Stattdessen müssen wir uns »realistische« Putzszenen im häuslichen Badezimmer ansehen, die wir in Bezug auf die Reinigungskraft des beworbenen Produktes als vollkommen übertrieben erleben. Und als komplett unglaubwürdig, wenn es um das angebliche Glücksgefühl der Hausfrau geht, das sich beim Kachelscheuern einstellen soll.

Wenn die Magie entzaubert wird:
Die Kastration des Weihnachtsmannes

Die Menschen wollen den Weihnachtsmann nicht abschaffen. Sie wollen an seinen Zauber glauben. Und lehnen sich dagegen auf, wenn das Magische auf der Strecke bleibt. Die Werbung hat das nicht wirklich verstanden. Zwar wird der Weihnachtsmann alle Jahre wieder von Marken und Unternehmen verstärkt als Werbefigur eingesetzt. Mancherorts wird sogar gemunkelt, dass der Weihnachtsmann seine Popularität überhaupt erst durch die wiederkehrenden, weltweiten Kampagnen von *Coca-Cola* erlangt hat. Immerhin: Seit 1931 ist er für diese Firma das wohl wichtigste Testimonial.

Zweifelsfrei jedoch »existiert« der Weihnachtsmann, der in der Historie Sankt Nikolaus und Knecht Ruprecht vereint, wesentlich länger. Er ist ebenfalls eine märchenhafte Gestalt. Sein weißer Rauschebart, die rote Kutte, die Zipfelmütze, der dicke Bauch und der große Sack sind seine unverkennbaren Markenzeichen. Mythen und Geschichten haben sich im Laufe der Jahrzehnte weiterentwickelt, ohne den Markenkern des Weihnachtsmannes aufzuweichen. Denn was auch erzählt oder ergänzt wurde – der Rentierschlitten etwa ist eine vergleichsweise neue Erfindung –, immer umgibt den Weihnachtsmann ein Hauch von unerklärlicher Magie. Das macht ihn so bezaubernd und als »Marke« einzigartig.

Kein Wunder, dass neben *Coca-Cola* auch viele andere Unternehmen von dem Zauber des Weihnachtsmannes profitieren wollen. In der Vergangenheit gelang das nicht immer gleich gut. Schon die Inflation der Weihnachtsmänner in mancher Kampagne darf als fragwürdig angesehen werden. Denn haufenweise geklonte Kopien entmystifizieren die Figur. Hier gilt: Es kann nur einen geben! Dieser eine Weihnachtsmann ist dann sinnvoll für eine Marke oder ein Produkt eingesetzt, wenn es gelingt, Zauber und Magie auf die Marke zu übertragen. Das mag Firmen wie Sky und *Zalando* zu kitschig gewesen sein. Denn sie beschneiden den Weihnachtsmann und berauben ihn seiner magischen Fähigkeiten. Der *Zalando*-Postbote trickst den Weihnachtsmann aus und springt als erster in den Kamin. In der Sky-Werbung stiehlt der Weihnachtsmann ein Geschenk, indem er statt Magie technische Hilfsmittel à la

Mission Impossible einsetzt. Er wird erwischt und mit einer läppischen Handbewegung des Schauspielers Jean Reno zum kleinen Dienstboten der Firma Sky degradiert. Beide Firmen tun sich keinen Gefallen damit, sich selbst als dem Weihnachtsmann überlegen darzustellen. Sie können den Weihnachtsmann in puncto Magie und Zauber nicht toppen. Indem sie ihn erniedrigen und in Konkurrenz zu ihm treten, werden sie selbst nur unsympathischer. Denn sie nehmen den Menschen ein Stück ihrer Märchen und der ohnehin schon selten gewordenen Träume.

Warum also kompliziert, wenn es einfach geht? Der Weihnachtsmann hat eine starke magische Strahlkraft, die Unternehmen nutzen können. Sie können ihn in seiner Wirkung durch Vervielfältigungen aber nicht verbessern. Sie wirken in ihrem abgeklärten Umgang mit dem Weihnachtsmann unglaubwürdig und unsympathisch. Wer meint, das Rationale sei das Allheilmittel in der Werbung, den kann vielleicht die Haltung eines großen Naturwissenschaftlers umstimmen. Albert Einstein sagte einmal: »Das tiefste und das erhabenste Gefühl, dessen wir fähig sind, ist das Erlebnis des Mystischen. Aus ihm allein keimt wahre Wissenschaft. Wem dieses Gefühl fremd ist, wer sich nicht mehr wundern und in Ehrfurcht verlieren kann, der ist seelisch bereits tot.«[42]

III Die Geschichten der Helden

Heldenmythos als Werbevorbild

Wir haben ein besonderes Verhältnis zu Helden. In der westlich geprägten Gesellschaft ist der Heldenmythos laut Jens Lönneker sogar insgeheimes Vorbild für die Werbung.[43] Die Heldeninszenierung folgte dabei im letzten Jahrhundert eher dem antiken Mythos-Prinzip als einer märchenanalogen Struktur. Wie Herakles leisten die Helden Übermenschliches, stellen ihr Können in den Mittelpunkt und frönen der Selbstdarstellung. *Camel*-Mann und *Marlboro*-Cowboy sind Prototypen für diese heldenhaften Inszenierungen. Sie sollen das Individuelle, Unverwechselbare, Eigene verkörpern. Paradoxerweise entwickelte sich das Individuelle, Rebellische und Besondere zunehmend zur Massenware. Letztlich wurden dann sogar Produkthelden geboren. Ein *Warsteiner*-Bier im Sektkübel wird zum jungen Gott, ein *Converse*-Schuh zum Stern am Schuhhimmel, *Rocher* zur goldenden Kugel des selbsternannten Adels.[44] Für die Unternehmen und Marken ist es sicher ein tolles Gefühl sich und ihr Produkt selbst zum Mittelpunkt zu machen. Nur meist haben sie die Menschen dabei vergessen, denen sie eigentlich etwas verkaufen wollten.

Erst kürzlich plädierte das *Marketing Journal* dafür, Marken zu Helden zu machen, da diese alles verkörperten, was Menschen antreibt, berührt und begeistert. Auf der ganzen Welt und in allen Kulturen. In allen? Der französische Professor Francois Jullian beschreibt in seinem Buch *Über die Wirksamkeit*[45] wie grundsätzlich anders ein Held in China gesehen wird. Ein Held ist hier ein »Idiot«, der sich den zwingenden Notwendigkeiten nicht beugen will, sondern sich selbst und seine Möglichkeiten in den Mittelpunkt stellt.

Märchenhelden verkörpern, wenn überhaupt, einen anderen Heldentypus. In den Märchen geht es oft darum, wie sich Kleines gegen Großes, Schwaches gegen Starkes oder Hässliches gegen Schönes durchsetzen kann. »Helden«

sind hier zumeist die Kleinsten, die Benachteiligten, die Jüngsten, die Dümmsten. Oder es sind die, die mit Asche beschmutzt sind, enterbt werden, augenscheinlich mit Makeln oder Fehlern behaftet sind. In einem Mythos wären die jeweils zentralen Märchenfiguren sogar die Anti-Helden. Sie stellen sich auch nicht selbst in den Mittelpunkt. Erst mit der Zeit lernen sie dazu. Sie reifen und lassen uns hoffen, es ihnen gleichtun zu können. Diese Durchschnittshelden sind es, auf die sich auch die Werbung besinnen muss, um uns abzuholen. Denn wie Herakles fühlen wir uns nur sehr selten. Auch Lönneker schreibt, dass die klassischen Helden im Marketing keine Rolle mehr spielen sollten. Anders als die oben zitierte Fachzeitschrift empfiehlt er den Werbern, »nach Mitteln zur Mäßigung zu suchen, statt nach Mitteln, um aus der Mittelmäßigkeit herauszuragen«.[46]

Märchen bereichern, weil sie zeigen, wie man auch als kleiner Mann Erfolg haben und mit seinen Unzulänglichkeiten umgehen kann. Hier wird niemand als Held geboren, sondern lernt seine Stärken, die oftmals zunächst wie Schwächen aussehen, erst nach und nach kennen. Das ist für viele bewegend. Für Kinder, weil sie noch klein sind und für Erwachsene, weil sie sich gegenüber den Großen, Mächtigen oder Schöneren dieser Welt manchmal klein fühlen. Märchen zeigen, wie auch das Unterlegene zum Erfolg kommen kann, auch wenn man nicht so cool und schön ist wie ein *Davidoff*-Model oder die Kandidatinnen von *Germany's Next Topmodel*. Sie zeigen, dass es etwas wert sein kann, wenn man in der Lage ist, zu nähen und sieben Fliegen auf einmal zu erschlagen. Dass auch ein Winzling wie der Däumling seinen Platz im Leben hat. Oder sogar, dass man sein Glück finden kann, wenn man sich von einem Klumpen Gold und anderem Wertvollem wie Häusern oder Yachten trennt. Wie *Hans im Glück*, der ebenfalls deutlich macht, wie modernes Heldsein aussehen kann. Märchen erklären das nicht explizit, aber sie lassen es uns spüren. Die Werbung kann das auch und sollte es häufiger tun. Produkte und Marken können entweder Partei für die vermeintlich Schwächeren ergreifen und sie mit entsprechenden (magischen) Produktbenefits unterstützen. Oder aber sie können selbst aus der unterlegenen David Position den großen Goliath-Wettbewerber angreifen – auch das wird als Solidarisierung mit dem Kleinen verstanden, wenn es richtig gemacht wird.[47] Dieses märchenanaloge Prinzip eignet sich besonders, um Menschen zu beeindrucken – nicht auf die protzige Art, sondern auf eine moderne, bescheidene und dennoch überzeugende Weise.

Mit *Axe* gegen Angstschweiß

Seit Jahren nutzt die Marke *Axe* konsequent das Gefühl des Unterlegen-Seins in der Werbung. Immer wieder werden Typen inszeniert, die es eigentlich eher schwer haben – zumindest bei den Damen. Verhalten, Optik, Körpersprache, ständig ist der *Axe*-Typ eher unbeholfen oder gar peinlich. Männer kennen das Gefühl, sich irgendwie ungelenk zu fühlen, wenn es um den vollendeten Flirt geht. Gerade junge Männer, an die sich die Marke richtet, fühlen auf der einen Seite, was alles an heldenhaften Eroberungsmöglichkeiten in ihnen steckt, haben auf der anderen Seite aber Angst, zu versagen. In der Gruppe oder bei Frauen nicht anzukommen, ist ein essenzielles Thema, besonders in der Adoleszenz. Aber Deo, Duschgel, Bodyspray und Shampoo sorgen dafür, dass aus dem hässlichen Entlein ein junger Schwan wird. Die starke Duftnote hilft, dass Frauen schwach werden, die albernsten Tanzbewegungen mitmachen oder nichts dagegen haben, dass der *Axe*-Freund außer ihnen selbst noch viele weitere Freundinnen hat. Das ist umso verwunderlicher, da der Zuschauer den olfaktorischen Eindruck ja nicht teilen kann. Er sieht nur das magische Resultat. Durch *Axe* wird der junge Mann, der ähnliche oder vielleicht sogar noch extremere Probleme zu haben scheint als man(n) selbst, nicht nur begehrenswert, sondern gar zum Vorbild. Gestandene Männer und echte Helden verblassen. Kongenial aus psychologischer Sicht: die Marke liefert gar keinen Zauberduft, sondern ist eigentlich Bestandteil der eigenen Ausdünstungen. Der Markenname *Axe* wird häufig mit »Achsel« in Verbindung gebracht. Sicherlich ist das für ein Deodorant naheliegend. Aber hier soll nicht vermittelt werden, wo das Produkt aufgetragen wird. Denn die psychologische Ergänzung zu Achsel ist Schweiß. Die Nässe unter dem Arm wird produziert, wenn man körperlich oder seelisch ins Schwitzen gerät. Sie kann aber auch für sich genommen unangenehm oder einfach peinlich sein. Die Werbung greift die Peinlichkeit auf, und verwandelt sie in Erfolg. Die Produktaussage: der eigene Achselschweiß versprüht attraktive Pheromone. Das ist ein besonderer Trigger für die jungen Männer. Ihnen wird gezeigt, dass sie die Kraft und das Potenzial zum Erfolg in sich selbst tragen. Das Werbemärchen bietet ihnen Helden-Hilfe an.

Nicht mehr den eigenen Schweiß, sondern Duft als Lockmittel einzusetzen, ist übrigens eine recht junge Kultivierungserscheinung. Früher wurden die Taschentücher schweißgetränkt als Köder fallen gelassen.[48] So konnte man direkt feststellen, ob man sich riechen kann. *Axe* spielt mit dieser Kultivierung – und löst sie sogar ein Stück weit wieder auf, indem sie statt Duft zumindest aus psychologischer Sicht wieder auf Schweiß setzt. Die Marke macht den Männern insgeheim auch Mut, zu ihrem eigenen Geruch zu stehen. *Axe* kann mit seinem Werbeansatz auf eine beinahe zeitlose Weise zeigen, wie man mit seinen Unsicherheiten umgehen und sie gar als Teil von sich selbst akzeptieren kann. Auch die Größenfantasie, alle Frauen haben zu können, ist dem Seelischen immanent. In der Inszenierung von *Axe* wird diese Vorstellung soweit gedreht, dass Mann ins Schmunzeln gerät und sich ertappt fühlt. Die Stilisierung zum Frauenheld wäre heute aber nicht mehr zwingend notwendig. Es würde ausreichen, wenn die überwundene Unsicherheit zu der einen wahren Liebe führt. Das mag auf den ersten Blick weniger heldenhaft aussehen, ist aber zum einen deutlich weniger anstrengend und zum anderen die moderne, zeitgemäße und gleichzeitig märchenhafte Form der Heldengeschichten. Dann wäre der *Axe*-Mann wie Hans wirklich im Glück. Weniger ist in diesem Fall mehr. Denn das Märchen *Hans im Glück* zeigt uns, wie erleichternd es sein kann, sich von Belastendem und Drückendem zu trennen (von Goldklumpen bis Mühlstein). Das heißt auf *Axe* übertragen: Wie man dem Druck des Männlich-Seins entkommen kann. Gleichzeitig kehrt Hans aber nach sieben Lehrjahren zurück zur Mutter. Statt erwachsen und männlich zu werden, findet eine Regression in die mütterliche (Über-)Versorgung statt. *Axe* als Marke hingegen sollte einen Schritt erwachsener werden und damit den jungen Männern beim Erwachsenwerden helfen. Die Fantasie von vielen Frauen darf deswegen zurückgefahren werden. Sie symbolisiert eher Kindliches als Männlichkeit (wem hier die 17 Jungfrauen der muslimischen Märtyrer einfallen, der versteht auch einen Grund, warum eher junge Männer zu solch einem freiwilligen Tod bereit sind). Auch hier wäre in der Werbeentwicklung weniger mehr, oder besser gesagt: die Eine mehr als viele.

Mit *Dove* gegen die Diktate der Schönheit

Natürlich wissen auch Frauen, wie es ist, wenn man sich wie ein hässliches Entlein fühlt. Tatsächlich werden sie viel häufiger von Zweifeln geplagt als Männer. Zumindest geben sie es öfter zu. Die immer wiederkehrenden inneren Unsicherheiten sind auch nicht so ausschließlich an eine jugendliche Lebensphase geknüpft. Der Bauch zu rund, der Po zu flach, die Haare stehen in alle Richtungen, und waren die Dellen auf dem Oberschenkel wirklich gestern auch schon da? Frauen haben kein entspanntes Verhältnis zu ihrem Körper, insbesondere weil sie sich ständig mit perfekten Models konfrontiert sehen. In der Mode- und Kosmetikbranche war es aber lange Jahre ein Tabu, mit »second-best«-Models zu arbeiten. Das sind Models, die nicht wie klassische Models aussehen, weil sie eben kleine Schönheitsfehler haben. Dahinter steckt eine seltsame Wirkvorstellung: Nicht-perfekte Models färben negativ auf das Markenimage ab. Daraus entstehen angeblich unglaub-würdige Produktaussagen: Aus Sicht der Unternehmen ge-lingt es der Creme oder dem Kleidungsstück dann nicht, Frauen wirklich schön zu machen. So vermutet zumindest die dahinterstehende Theorie der Werbewirkung.

Dove hat damals mit seiner Kampagne dieses Modeltabu gebrochen und mit normalgewichtigen Frauen gearbeitet. Das Plakat der Frauen in Unterwäsche dürfte eines der be-kanntesten in der Werbebranche überhaupt sein. *Dove* war damit nicht nur erfolgreich, sondern ist überhaupt erst zur Kosmetikmarke geworden. Vorher war *Dove* schlicht eine Seife.

Viel diskutiert wurde, ob es *Dove* gelungen ist, die dominierenden Schönheitsideale abzulösen. Weg vom Magerkeitswahn, zurück zur Normalität. Aber was heißt Normalität? Jede Normalität kann nur so normal sein wie das dazugehörende Schönheitsideal. Für sich genommen gibt es Normalität nicht. Normalität ist eine Norm und damit auch schon wieder ein Ideal. Es ist ein schmaler Grat zwischen überfordernden Idealen und dem Nicht-mehr-Normalen. In diesem Sinne ließ sich trefflich streiten, ob die Frauen aus der *Dove*-Werbung normal sind oder bereits dick.

Schönheitsideale sind aber auch nicht per se böse. Sie können durchaus helfen, sich zu orientieren, ein Maß zu finden, sich selbst zu bewerten und einzuordnen oder abzugrenzen. Frauen möchten und werden auch in Zukunft Idealbilder mit sich herumtragen. Sie werden mal mehr und mal weniger danach streben. Denn sie motivieren Frauen auch und verhindern, dass man sich im Alltag allzu sehr hängen lässt. Problematisch sind Schönheitsideale allerdings, wenn sie missbraucht und zum alleinigen Diktator unseres Strebens werden oder wenn sie zum Sinn des Lebens mutieren, weil sie fehlende Werte ersetzen. Ehemalige, an das Alter geknüpfte Qualitäten wie Weisheit, Güte, Erfahrung und Milde haben in unserer Kultur kaum mehr Bedeutung. Die Bezeichnung »Greis« ist zur Beleidigung geworden und durch »Senioren« oder »Junggebliebene« ersetzt worden.

Die *Dove*-Frauen aber schaffen Entlastung vom ewig schlanken Jugendlichkeitswahn. Weil sie sehr subtil vermitteln, dass es noch andere Dinge gibt als vollkommenes

Aussehen. Weil sie zeigen, dass es sich lohnt, sich anzunehmen, wie man ist. Nicht nur seinen eigenen Schweißgeruch wie in der *Axe*-Werbung, sondern auch die Fehler, die man eben hat. Und sie zeigt, dass Schönheit im Auge des Betrachters liegt, wie ein Film von *Dove* im Netz deutlich macht.

https://www.youtube.com/watch?v=bN0AuIl40ZM

Ein Phantombildzeichner malt Frauen, zuerst ohne sie zu sehen, nur nach deren Beschreibungen, später dann nach den Angaben eines Fremden. Die Bilder sind bewegend. Die Frauen nehmen sich selbst viel hässlicher wahr als die Fremden. Sie sehen durch die Augen der anderen einen viel freundlicheren und liebevolleren Blick auf sich selbst. Für einen Moment können sie sich mit ihren Selbstzweifeln aussöhnen. Die eigentliche Botschaft der Kampagne ist daher gar nicht die Rebellion gegen die Ideale. *Dove* kommuniziert Zuversicht und sagt: »Das Leben ist lebenswert, auch wenn du nicht vollkommen bist.« Mit etwas mehr (Eigen-)Liebe betrachtet, bist Du viel schöner, als Du glaubst. Eine Aufgabe übrigens, der sich die meisten Frauen täglich neu stellen müssen. Zu sehen, dass das Glück nicht in der Perfektion liegt und dass das Streben danach, die Schönste im ganzen Land zu sein, nur verbittert und unglücklich macht, ist ihre tagtägliche Sisyphos-Arbeit. Ja, *Dove* warnt sogar ähnlich wie das Märchen *Schneewittchen*, davor, was es bedeuten kann, wenn sich alles immer nur um Schönheitsideale und Perfektion dreht. Dieses Streben kann einen vollkommen zugrunde richten. Wie es eben auch der bösen Stiefmutter passiert.

Das Schöne im Kleinen und Unvollkommenen zu sehen, wie es uns auf den *Dove*-Plakaten mit den Models, die eher Zwergenhaftes als übertrieben Königliches haben, vorgeführt wird, kann den Frauen zum Glück verhelfen und lehrt sie, ihre eigene Schönheit zu erkennen.

Mit *Smart* gegen groß

Werbung in klassischen Medien ist oftmals eintönig und langweilig, wenn märchenanaloge Prinzipien fehlen. In der Autobranche sieht man beispielweise immer wieder wie Luxuslimousinen oder Kleinwagen durch mehr oder weniger realistische Landschaften gleiten und ihre Front-, Rück- und Seitenansichten präsentieren. Nicht immer hat diese Eintönigkeit mit fehlendem Heldenmut der Werber zu tun. Oftmals liegt es an den klassischen Testverfahren, die mit immer den gleichen Benchmarks arbeiten. Sie sind der Vergleichsmaßstab für alle neuen Ideen. Errechnet wird diese Benchmark aus dem Abschneiden aller bisherigen getesteten Ideen. Neues wird mit bereits vorhandenen Standards verglichen. Jede neue Idee muss diesen Standard erfüllen. Ungewöhnliches und Neues hat fast keine Chance, in diesem Werbemitteltest gut abzuschneiden. Weil sich Gleiches nur mit Gleichem vergleichen lässt. Und fahrende Autos lassen sich eben am besten fahrenden Autos gegenüberstellen.

Umso auffälliger, wenn eine Werbung den Mut hat, Regeln zu brechen, wie die *Smart*-Werbung es getan hat.[49] Das kleine Auto ist im Gelände unterwegs, schafft die Steigung nicht, bleibt an einem Steinbrocken hängen und schließlich im Sumpf stecken. Auf die typische Roadshow wird ebenso verzichtet wie auf das Anpreisen von innovativen

Technologien und statussteigerndem Fahrspaß. Stattdessen ist die Abschlussbotschaft schlicht: »Ein *Smart* ist so tauglich im Gelände wie ein Geländewagen in der Stadt.« Das wird durch den Einparkversuch eines *SUVs* in eine kleine Lücke am Straßenrand bewiesen. Die *Smart*-Werbung bedient sich dabei gleich zweier märchenhafter Prinzipien. Zunächst zeigt sie, dass Klein sich gegen Groß durchsetzen kann. Das vermeintliche Stärkere ist letztlich unterlegen. Und zwar in der eigentlich wichtigen Dimension; dem alltäglichen Einparken. Die Überlegenheit des *Smart* wird dabei durch das vorherige dreimalige Scheitern sogar besonders hervorgehoben. Diese »magische Drei« ist das zweite Märchenprinzip.[50] Scheu, auf Nicht-Können und Scheitern hinzuweisen, existiert nicht. Ja, der kleine smarte Held wird sogar aktiv ins Gelände geschickt, um in solch missliche Situationen zu geraten. Er zieht in die böse Welt, um sich zu behaupten. Wie im echten Leben – oder im echten Märchen. Danach stechen seine heldenhaften Möglichkeiten in der Stadt besonders heraus. Nebenbei wird deutlich, dass die Fähigkeiten eines großen Geländewagens im Zweifel viel weniger relevant sind als die des *Smart*. Denn auch Geländewagen fahren nur äußerst selten im Gelände.

Gegen Vorurteile, Klischees, und Standards in der Werbung zu rebellieren, kann auch heute noch ein Stück moderne Heldengeschichten sein. Vielleicht zeigen solche erfolgreichen Beispiele mittelfristig auch, wie verfahren manche Werbemitteltests sind. Märchenanaloge Erfolgsprinzipien berücksichtigen sie überhaupt nicht, aber auch schon an Ungewöhnlichem und Neuem scheitern sie oft.

David gegen Goliath: vergleichende Werbung

Die *Smart*-Werbung ist beinahe schon ein Beispiel für vergleichende Werbung. Jahrelang war diese Form der Werbung in Deutschland generell verboten. Erst im Jahr 2000 wurde sie unter bestimmten Bedingungen erlaubt. Der Gegner darf nicht verunglimpft werden, und der Vergleich muss der Wahrheit entsprechen. In den USA »batteln« *Pepsi-Cola* und *Coca-Cola*, Audi und BMW, McDonald's und Burger King seit Jahren auf diese zum Teil sehr witzige Weise ganz direkt miteinander. Audi stellt sein neues Modell vor mit den Worten »BMW, Du bist am Zug«. BMW kontert mit seinem Modell und »Schachmatt«. *Pepsi* greift den Marktführer *Coke* immer wieder mit amüsanten Sticheleien an. Der Strohhalm spreizt sich auf, um nicht in die *Coca-Cola*-Dose zu müssen, eine *Cola*-Flasche wird zur »Flaschenpost« für *Pepsi*.

In Deutschland braucht diese Form der Werbung noch mehr Fingerspitzengefühl. Die Deutschen »erlauben« nur Klein gegen Groß. Der Newcomer Netcologne gegen Telekom, oder O2 gegen Vodafone. Holt hingegen die Telekom zum Schlag gegen die Kleinen aus, schadet das eher der Telekom als den Konkurrenten. Obwohl die Großen und Starken ja die eigentlichen Helden sind, sollen diese ihre Kraft nicht mehr bedingungslos einsetzen. Zwar wollen die Menschen gern etwas von dem Glanz der Großen abhaben und suchen daher die Nähe zu den Erfolgreichen, aber sie spüren auch, dass sie nicht wirklich dazugehören und freuen sich für die Kleinen, die es mit den Großen aufnehmen wollen. Während die Kleinen angreifen dürfen, gilt für die Großen: Adel verpflichtet. Sie müssen hinnehmen, einstecken und souverän bleiben. So durfte Nectologne 1997 sagen: »Wir verbuddeln 300 Millionen«, um der Telekom Konkurrenz zu machen. Die Firma wurde damit gar zu einer Art »Kölschem Robin Hood« – da sie es von den Reichen (der Telekom) nahm und den Armen (netzwerktechnisch damals unerschlossene Randgebiete in Köln) gab. Die Telekom tut gut daran, sich wie König Richard Löwenherz zu verhalten und nicht wie Prinz John. Großherzigkeit ist hier die wahre Großmut und würde sich am Ende wieder auszahlen, auch für die Telekom.

No more heroes anymore

Heldennummern im klassischen Sinne verlieren für die Menschen an Bedeutung. Jens Lönneker empfiehlt diese durch die »Codes of Truth« abzulösen.[51] Diese Prinzipien sollen Werbung wieder authentischer, lebendiger und im seelischen Sinne glaubwürdiger machen. Zentraler Ansatz ist es, die reine Egomanie zu überwinden. Das Ego quasi in den Dienst eines größeren Ganzen zu stellen. Unvorstellbar in den 1990er-Jahren – unverzichtbar in der heutigen Zeit. Familie, Region, Natur, Tradition, Heimat, aber auch Gesundheit, Umwelt, Soziales, Gemeinschaft und Liebe. Der Einzelne soll sich als Bestandteil eines übergreifenden Kontextes wiederfinden, in den man sich einordnen und in dem man gleichzeitig aufblühen kann. Das ist zum Beispiel ein Grund für den Erfolg von Facebook, Google und Apple. Hier werden das Soziale einerseits und das Individuelle andererseits angesprochen. Man ist Teil einer Gemeinschaft – wird aber für seine besondere Individualität oder Originalität »gelikt«. So erklärt sich, warum die zum Teil komplexen und fast unlauteren Geschäftsbedingungen nahezu unreflektiert akzeptiert werden. Wir wollen

Teil der neuen (sozialen) Gemeinschaft sein und in dieser Gemeinschaft unsere Individualität erleben, statt sie, wie in den 1990er-Jahren, allein gegen alle auszuleben.

Marken dürfen heute nicht mehr mit typischen Helden-Mythen arbeiten. Das Individuelle freilich muss immer noch eine Rolle spielen. Aber es muss zugleich wieder deutlich stärker gesellschaftlich integriert werden als es derzeit der Fall ist. Die Helden der alten Werbewelt müssen Demut lernen,[52] um uns heute zu beeindrucken. Angeben und Aufschneiden hingegen lehnen wir eher ab. Die »Codes of Truth« bedeuten letztlich nichts anderes als mehr Menschliches und mehr Märchenhaftes in die Werbung zu bringen. Die Märchen liefern uns viele glaubwürdige Heldengeschichten in Form von tapferen Schneidern, Menschen, die ausziehen, das Fürchten zu lernen, vom Däumling und vielen mehr. Versuchen und Scheitern inklusive. Von angeborener göttlicher Überlegenheit erzählen sie nicht. Die ist out. Auch bei den Marken.

IV Faszination des Bösen

Märchen machen deutlich, dass Böses und Gewalt keineswegs Phänomene des Medienzeitalters sind. Immer schon mussten sich die Menschen damit auseinandersetzen. Mit dem Üblen in der großen, weiten Welt und mit dem im eigenen, kleinen Inneren. Nicht selten haben wir sogar so viele negative Gedanken und Empfindungen, dass wir uns dafür schämen. Was wäre, wenn alles, was wir denken ungefiltert ans Tageslicht käme? Beim Autofahren zum Beispiel. Wie oft fluchen und schimpfen wir hier lautstark über andere, wenn es keiner hört. Was denken wir über unseren Chef, Kollegen und sogar beste Freunde? Eckart von Hirschhausen fasst das in seinem Buch *Glück kommt selten allein* zusammen: »Wir halten uns vor allem deshalb für schlechter als die anderen, weil wir von uns selber mehr wissen als von den anderen.«[53]

Umgekehrt bekommen wir vom Innenleben anderer kaum etwas mit und haben verständlicherweise die Neigung, unser eigenes Innenleben so gut es geht zu kontrollieren. Von morgens bis abends sortieren wir, was »drinnen« bleiben muss und was heraus darf. Die guten ins Töpfchen, die schlechten ins Kröpfchen. Eine Kultivierungsleistung, die nicht immer schon im gleichen Umfang erforderlich war. In *Kopf ab* schildert Carl-Heinz Mallet[54] zum Beispiel, wie die ursprüngliche Form des Märchens *Tischlein deck dich* aussah. Hier gibt es neben dem Tischlein, das reichlich Essen beschert und dem Esel, der Golddukaten ausscheidet, den »Knüppel aus dem Sack«. Dieser verprügelt jeden, wenn es sein Besitzer befiehlt. In der Version der Gebrüder Grimm gibt es eine moralische Legitimation für das Knüppeln. Es erwischt den hinterhältigen, diebischen Wirt, der dem ersten und dem zweiten Bruder das Tischlein beziehungsweise den Esel abgeluchst hat. Der jüngste Bruder aber lässt den Knüppel aus dem Sack, um den Wirt dazu zu bringen, beides wieder zurückzulegen. Die Gerechtigkeit siegt und das freut den Leser. In der Urfassung wird der Knüppel aus reiner Freude am Schlagen eingesetzt, wann immer es seinem Herrn danach ist: Er »lässt den Knüppel unter den Leuten herumtanzen«[55], prügelt einen Straßenhund, einfach weil er ihn ausprobieren will. Das konnten die Gebrüder Grimm nicht aushalten und brachten das Märchen in eine auch für uns angenehmere Form. Aber letztlich zeigen viele Computer- und Konsolenspiele auch heute noch, wie viel Spaß unser Seelisches an Gewalt und Aggressionen haben kann. Das Böse fasziniert uns. Wir werden magisch angezogen von der Macht der Drachen, der Riesen und dunklen Zauberer. Sauron aus *Der Herr der Ringe* und Lord Voldemort aus *Harry Potter* sind faszinierende, modernere Beispiele hierfür.

Freilich ändert sich, was wir als Gut und Böse empfinden, stetig und in Abhängigkeit vom Zeitgeist. Das Böse, aber auch das Gute »an sich« gibt es nicht. Während der Nazidiktatur konnten im Sinne des Guten die abscheulichsten Gräueltaten vollbracht werden. Dennoch fühlten sich die Täter im Recht. Aus Sicht eines Teils der muslimischen Welt verkörpert der Westen das Böse. Ohne Frage haben auch wir derzeit wieder klare Feindbilder: Salafisten und ihr Islamischer Staat gehören für die meisten dazu. Solche Kategorisierungen schaffen Orientierung, weil sie uns bei Entscheidungen und beim Handeln helfen. Wir sind zu vielen, auch gewaltsamen Taten bereit, wenn wir das Gefühl haben, es geht nicht anders. Solche klaren Einteilungen rechtfertigen dann die Mittel. Waffenlieferungen, die wir normalerweise als schändlich erleben, scheinen unvermeidbar, um den Islamischen Staat zu bekämpfen.

Carl-Heinz Mallet schreibt weiterhin, dass der Gegensatz von Gut und Böse zunächst im eigenen Seelischen liegt – und nicht in der äußeren Welt. Schließlich kann zwischen Menschen nichts geschehen, das nicht im eigenen Inneren begründet ist. Niemand ist nur böse oder nur gut.[56]

Daher kann es auch in der Werbung nicht ohne das Abgründige, Unzulängliche und Fiese gehen. Sie muss sich mit diesen menschlichen Untiefen auseinandersetzen, eine Antwort darauf finden und Hilfestellung geben. Freilich muss sie keine Gräueltaten zeigen – aber sie muss uns spüren lassen, dass sie auch um unsere »unguten« Regungen weiß. In den meisten Märchen wird Tod und Sterben zwar benannt, aber nicht ausführlich geschildert. Gewalt wird in einen bestehenden Wertekontext eingeordnet. Das Böse kann so auf anerkannte Weise seinen Raum bekommen – es wird nicht nur besiegt, sondern darf je nach Zusammenhang auch mal zuschlagen. Das erleben die Menschen als erleichternd. Genau das muss auch der Werbung gelingen. Wie können die Tiefen und Untiefen des Seelischen aufgegriffen, verarbeitet und in eine gesellschaftlich lebbare Form gebracht werden, ohne sie generell zu verleugnen? Werbung darf dabei die Produkte und Marken durchaus als Hilfsmittel einsetzen. Sie dürfen Magie im Kampf gegen das Böse entfalten, oder die verlockenden Neigungen – auch des Bösen – zulassen, indem sie ihnen eine Legitimation liefern. So wie die Gebrüder Grimm es beim *Knüppel aus dem Sack* getan haben.

Vom Sinn des Bösen in Märchen und Werbung

Auch jenseits von Geschichten und Computerspielen nehmen Grausamkeiten und Gewalt eine zentrale Rolle in unserer Kultur ein – die Konflikte in Afghanistan, Syrien und der Ukraine führen uns das täglich vor Augen. Sie machen Strafen, Tod und sogar Kannibalismus in Märchen verständlicher. Die Hexe in *Hänsel und Gretel* will die Kinder mästen und essen, die Stiefmutter Schneewittchens verlangt vom Jäger ihr Herz zum Verzehr, der Wolf verschlingt Menschen. Das Böse erfährt fast immer eine endgültige Strafe durch den Tod. Selten ist es wie in *Frau Holle* »nur« lebenslängliches Pech für die faule Schwester. Immer wieder wird diskutiert, inwiefern diese Grausamkeiten in Märchen schädlich sind, insbesondere für Kinder. Auch wenn Ego-Shooter-Spiele den Märchen in puncto Gewalt den Rang ablaufen, konfrontieren wir unsere Kinder zu einem so frühen Zeitpunkt mit keinem anderen Medium, das so viel Gewalt beinhaltet. Zwar entsprach das Erzählte oft der mittelalterlichen Rechtsprechung, wie das Schleifen im Nagelfass bis zum Tod. Oder es handelte sich um einen Bezug auf Rituale einzelner Völker, wie das Kochen von Knochen bei den Jägervölkern, das ein Zeichen der Wiederbelebung und des fortdauernden Lebens war.

Macht es aber wirklich Sinn, Kindern diese Altertümlichkeiten zuzumuten? Kann es auch für Erwachsene jenseits von geschichtlichem Interesse sinnvoll sein, sich damit zu beschäftigen? Muss dieses Märchenprinzip für die Werbung überhaupt eine Rolle spielen? Schließlich soll doch die Werbung Träume verkaufen und unsere Bedürfnisse befriedigen.

Tatsächlich brauchen wir das Gegeneinander von Gut und Böse in der Werbung genauso wie in den Märchen. Die klare Zuordnung von Gut und Böse in den Märchen hilft, die eigenen Ängste zu bearbeiten. Wenn man in Märchen und Geschichten das Böse symbolisch mitverfolgen kann, fühlt man sich der Wirklichkeit nicht so schutzlos ausgeliefert. Kinder stärken so ihre psychische Stabilität – denn sie erahnen Mittel, mit fremden und eigenen unguten Neigungen umzugehen.[57] Darüberhinaus verstehen die Kinder auch die scheinbar radikale Bildsprache viel besser, als so mancher Elternteil glaubt: Im Märchen des Meerhäschens werden alle Freier, die sich nicht gut genug vor der Königstochter verstecken, geköpft und der Kopf auf einen Pfahl gesteckt. Kinder verstehen, dass man Kopf und Kragen verspielen oder gar den Kopf verlieren kann, wenn man sich auf eine Aufgabe nicht gut genug vorbereitet. Sie sehen weniger das Grauenvolle – das wird in den Märchen ja auch nicht auserzählt! – als die psycho-logische Konsequenz darin.[58]

Jugendliche und junge Erwachsene bearbeiten das Unheimliche derzeit an märchenähnlichen Fantasy-Romanen und Vampir-Filmen. Kaum ein Trend im Büchermarkt ist so groß wie dieser. Nach *Harry Potter* setzte eine nicht enden wollende Welle von magisch-fantastischen Neuerscheinungen ein. Sie greifen viele Märchenprinzipien auf, arbeiten mit ähnlichen Bildern vom Tod, handeln von Zauberern und Magischem, benutzen Verwandlungen, magische Zahlen, moderne Heldengeschichten, Rituale und Wiederholungen. Als reine Fantasiewelten lassen sich die Bücher scheinbar leicht aus dem Alltag heraushalten. Aber sie sind ein wichtiger Gegenpol zum nahezu ausschließlich vernunftgesteuerten Leben. Gerade weil die Welt der Kinder heute so stark durch schulisches Lernen getaktet ist und es wenig Raum für Spiele, Abenteuer und Unternehmungen gibt. Oft nicht einmal mehr in der Grundschule. Musikmachen und Malen regen zwar auch die Fantasie an, reichen aber allein oft nicht aus, die »bösen« inneren Konflikte zu bearbeiten. Zum einen, weil sie heute meist ebenfalls unter Performance-Druck betrieben werden, und zum anderen, weil diese kreativen Mittel meist nur in harmlosen Varianten akzeptiert werden: Malen Kinder Dunkles und Schwarzes oder bewegen sich in aggressive Musikrichtungen, muss gleich ein Experte prüfen, ob etwas nicht stimmt. Wie und wo also sollen Kinder mitbekommen, dass alle diese Neigungen haben und alle dafür eine Lösung finden müssen? Märchen sind ein gutes Mittel, sich mit dem Bösen auseinanderzusetzen.

Und die Werbung? Sicher kann sie nicht in so unmittelbarer Weise wie die Märchen das Böse, die Gewalt und die Grausamkeiten bebildern. Aber sie darf diesen Bereich auch nicht komplett aussparen. Sie muss zeigen, dass sie um die existenziellen Sorgen der Menschen weiß, und genau dafür Lösungen bieten. Mit einem Jogurt kann sie das innere Gefühl von Schwere und Bedrückung in Leichtigkeit verwandeln. Mit einer Anti-Falten-Creme dem Bedürfnis nach Alterslosigkeit, Unsterblichkeit und damit nach Macht und Einfluss entgegenkommen. Sie muss das Böse, Unheimliche und Tiefgründige zumindest mitschwingen lassen.

Das kann in Form von angedeuteten Sorgen im Alltag geschehen. Das kann aber auch ganz direkt ein Spiel mit dem Bösen sein. Denn Spaß am Bösen und dessen Bearbeitung haben wir auch als Erwachsene. Anders wäre es nicht zu erklären, warum wir beispielsweise Krimis und Action-Filme, die zum Teil voll von Grausamkeiten sind, anschauen. Wir würden uns langweilen, wenn wir 24 Stunden *Schwarzwaldklinik* oder *Traumschiff* sehen müssten. Aber selbst dort werden Intrigen, Liebeskummer und Falschspiel beigemischt. Ohne dieses Salz in der Suppe wäre das Schöne, Heile und Gute einfach nicht zu ertragen und langweilig. Sterbenslangweilig. Und dann wäre es ja doch wieder da, das »Böse« oder die andere Seite der heilen Welt: in Form des Todes.

Werbung kann wie die Märchen eine ideale Form sein, sich dem Bösen und auch dem Spaß am Bösen zu stellen und einen Umgang damit zu finden. Wie man dem Bösen ein Schnippchen schlagen, es integrieren, es verändern und zum Guten wenden kann. Dabei sollen und müssen die Marken helfen. Sie sind die Zwerge, Hexen, Feen, Männlein und Mütterchen am Wegesrand der Märchen, die uns auf dem Weg begleiten und deren Hilfen wir gekonnt aufgreifen und einsetzen müssen. Die Werbung muss sich ebenso verstehen – und sich selbst mehr in unseren Dienst, in die Bearbeitung unserer täglichen Konflikte und unserer Lebensaufgaben stellen und weniger um sich selbst drehen. Gute Werbung hilft uns bei der Erlösung von dem Bösen.

Austreibung des Bösen durch *Zalando*

Zalando lässt in einem TV-Spot einer intensiv online shoppenden Frau die Kauflust durch einen Exorzisten austreiben.

https://www.youtube.com/watch?v=3GxJNv2BxTQ

Zumindest soll das versucht werden. Denn eigentlich will *Zalando* zeigen, dass die Kauflust gar nicht so böse ist. Die Werbung greift mit dem Austreibungsgedanken eine sehr alte Vorstellung von Besessenheit auf. Menschen können von Dämonen, Teufeln oder auch Krankheiten befallen werden. Das Böse kommt quasi von außen und wird nicht als Bestandteil des eigenen Seelischen verstanden. Eigentlich eine entlastende Vorstellung, denn so ist man für die schlechten Taten gar nicht selbst verantwortlich. Allerdings musste man auch sein Schicksal akzeptieren, wenn man besessen war. Manchmal konnten dann angeblich kirchliche Rituale und heilige Männer helfen. Im Falle von *Zalando* sollen vom Priester Kauflust und damit letztlich eine alte Todsünde, die Habgier, ausgetrieben werden. Wie schlimm es ist, zeigen die wie von magischer Hand durchs Zimmer tanzenden Kleider und Schuhe, die ein bisschen an den Zauberlehrling erinnern. Am Ende der Austreibung aber steht ein Glaubensbekenntnis: Die besessene Frau bekennt sich zur (Kauf-)Lust und zu *Zalando*. Dem Priester aber wird der Kopf verdreht. Nicht durch die Schönheit der Frau, sondern durch das Erscheinen des *Zalando*-Postboten. Der Kopf des Würdenträgers rotiert plötzlich wie ein Kreisel. Hierdurch und durch kleine Rauchwölkchen, die ihm nun aus der Nase quellen, wird der Priester selbst zu einer alienartigen, teuflischen Gestalt: Statt der Kauflust ist nun der Verzicht das Böse – eine Bekehrung zur Lust an Schuhen und Kleidung. Fast scheint auch der Priester bekehrt. Auch ihm erteilt *Zalando* die Absolution zum ausgiebigen Online-Shopping. Und die Zuschauer merken, dass es hier um die Behandlung der eigenen bösen Neigungen geht. Gier und Haben-Wollen ist nicht selten schambehaftet oder geht mit schlechtem Gewissen einher. Wir suchen Möglichkeiten, uns zu begrenzen und Maß zu halten. Die tollen und günstigen Angebote von *Zalando* sollen eine Lösung für das Problem bieten und Maßlosigkeit mit gutem Gewissen ermöglichen. Hier merkt man: am Ende stimmt etwas nicht. Zwar wird das Dämonische durch die Ironisierung weniger mächtig – und das ist wirklich ein gekonnt eingesetztes Prinzip. Aber die billige Lösung, die *Zalando* bietet, ist kein echtes Zusammenführen von Gut und Böse. Die Verhältnisse werden einfach nur umgekehrt. Das Dämonische der Kauflust setzt sich durch und wird zum Guten, der Verzicht wird zum Bösen. Dabei erhoffen wir uns eigentlich generell ein gutes Maß für beides – ein bisschen Lust, ein bisschen Maß. *Zalando* muss Engelchen und Teufelchen zusammenbringen und nicht aus dem Heiligen etwas Teuflisches machen. Eine Integration des Dämonischen in einen harmonischen Alltag wäre eine gekonnte Lösung. Anders als wir es eigentlich von *Zalando* gewohnt waren, findet sich in diesem Spot aber keine glückliche Lösung. Wirklich schreien vor Glück kann man hier nicht mehr. Um uns zum Shoppen ohne Gewissensbisse zu bewegen, ist der ansonsten hochspannende Spot nicht überzeugend genug. Allerdings bringt *Zalando* uns zur Maßlosigkeit an anderer Stelle: beim massenhaften Bestellen und Zurückschicken! Hier leben wir nun ohne Skrupel aus, was *Zalando* uns predigt.

Im Vergleich zu den nachfolgenden Spots hat der Priesteransatz immerhin eine besonders tiefgründige Wirkung, die mutig und auffällig ist. *Zalando* verabschiedet sich danach völlig von der »Schrei-vor-Glück«-Strategie und geht deutlich langweiligere und weniger böse Wege. Vermutlich steckt dahinter die in der Branche übliche Strategie, nun, da man etabliert ist, eine reifere und erwachsenere Positionierung anzustreben. Viele Unternehmen glauben, sie würden eine breitere Masse ansprechen, wenn sie insgesamt harmonischer sind und weniger anecken. Oft ist das Gegenteil der Fall. Denn nicht selten werden dafür Kern der Marke und Erfolgsstory aufgegeben und verraten. Und »Schrei vor Glück« ist aus psychologischer Sicht ein nahezu genialer Ansatz, verknüpft er doch auf sehr emotionale Weise den Schuhkauf mit der Partnerwahl. Auch in *Aschenputtel* wird ein Zusammenhang zwischen dem passenden Schuh und dem Finden des richtigen Lebensgefährten hergestellt, den wir ohne Probleme akzeptieren: Nur dem richtigen Mädchen passt der Schuh. Sie ist auch die einzige, die keine Zehen oder Fersen abhacken und kein Blut vergießen muss. Die beiden Schwestern hingegen müssen ihren Schmerzensschrei unterdrücken. Dass nicht nur unpassende Schuhe, sondern auch unpassende Partner zur Qual werden können, wird hier symbolisch deutlich. *Zalando* löst das Problem mit passenden Schuhen und liefert implizit den richtigen Partner mit. Denn auch im richtigen Leben stehen Schuhtick und Partnerwahl in Zusammenhang, wie tiefenpsychologische Studien zeigen.[59] Kein Geheimnis ist, dass viele Frauen ein besonderes Verhältnis zu Schuhen haben. Aber gleich vor Schuhglück zu schreien, scheint zunächst weithergeholt. Ein (neues) Paar Schuhe beeinflusst sehr wohl maßgeblich das Leben einer Frau,[60] und der Grund hierfür liegt tiefer als in der reinen Befriedigung der Kauflust. Passende Schuhe lassen sich für jedweden Figur- und Gemütszustand finden. Schuhe stellen psychologisch Weggefährten dar. Manchmal sind sie Wegbereiter für schwierige oder steinige Strecken. Ein anderes Mal werden sie selbst zu Herausforderungen »auf hohen Hacken«. Sie symbolisieren auch, wie Frauen gerade durchs Leben gehen wollen: bodenständig oder ganz abgehoben. Von wem und auf welche Art die Frauen sich per pedes begleiten lassen möchten, können sie wählen. Jeden Tag und jeden Schuhkauf neu.

Partnerwahl ist wie die Schuhwahl die Wahl der Wegbegleitung. Und genau dieses Wissen ist in *Aschenputtel* verankert. Der Prinz wählt die Frau, der der Schuh passt. Mit der Anprobe des Schuhs prüft er sie auf ihre Tauglichkeit als Wegbegleiterin. Er wählt letztlich diejenige, die sich bei der Anprobe nichts vom Fuß abschneiden muss. Wie klug ist es da für Frauen in Partnerschaften, immer den passenden Schuh zu haben. Und so verrückt es klingen mag, tatsächlich lässt sich in unseren Studien nachweisen, dass Frauen treuer und Partnerschaften enger waren, wenn die Frauen viele Schuhe besaßen.

Mit dem Schuhkauf definieren Frauen heute symbolisch Partner für bestimmte Wegstrecken ihres Lebens. Dabei gibt es One-Night-Stands für einen einzigen Auftritt genauso wie Lieblingsschuhe, die nach Verschleiß idealerweise in der gleichen Form und Farbe immer wieder nachgekauft werden. Gerade Frauen in langjährigen Partnerschaften verlagern nicht selten ihre Flirts auf Schuhe: Probeweise gehen sie fremde Wege, während sie gleichzeitig treu zu ihrem Partner stehen. Diese oftmals unbewusste Probewahl ist auch eine Stabilisierung für die eigene Partnerschaft. Schuhe stellen Bewegungsmöglichkeiten innerhalb der Beziehung dar und können diese stärken. Insofern hat es einen wahren Grund, vor Glück zu schreien, wenn Schuhe geliefert werden. Partner- und Schuhwahl sind gelungen! Eine geniale Zusammenführung von Partnerschaft, Schuhtick und alten Märchenmotiven. *Zalando* sollte sich gut überlegen, ob es diese Erfolgsstory ganz verlassen möchte. Denn »Schrei vor Glück« als Grundkonzept ist im wahrsten Sinne Vertreibung von bösen und unmoralischen Gedanken und eine Art Erfolgsrezept für ein treues und glückliches Leben.

Schwarz-Malerei bei Hornbach

In der Hornbach-Werbung lebt ein schwarz gekleidetes Gothic-Mädchen in einer durch und durch weißen Stadt.[61] Sie ist offenbar neu hier und fällt auf. Schule, Nachbarn, Menschen auf der Straße – alle sauber, reinlich, weiß. Ganz ähnlich wie in dem Film *Die Frauen von Stepford*. Eine Zuckergusswelt: perfekt, lieblich, süß – und »ausländerfeindlich«. Denn wie ein Ausländer oder Fremdkörper wirkt das Mädchen hier. Sie ist auch im seelischen Sinne »schwarz«. Die Musik deutet Schlimmes an: Ist sie mit dem Teufel im Bunde? Vielleicht eine Satanistin? Auf jeden Fall ist sie neu in der Stadt, und das reicht ja manchmal aus, um für Aufruhr zu sorgen. Denn das Fremde ist uns per se unheimlich. Je weniger wir über etwas wissen, desto mehr erfinden wir. Die Inszenierung der Hornbach-Story übersteigert die Gegensätze. Die »weißen« Menschen werden lächerlich gemacht. Das Mädchen in ihrer Unangepasstheit und dem Versuch »auf Teufel komm raus« eigene Wege zu gehen, wirkt ebenfalls übertrieben. Auch die gegenseitige Ablehnung wird ins Ironische gezogen. Bis zu dem Zeitpunkt, an dem das Mädchen von der Schule nach Hause kommt: Hier findet sie ihren Vater vor, der die Fassade des neuen Hauses komplett schwarz streicht. Ein sehr anrührender Akt der Solidarisierung mit seiner Tochter. Das Eigensinnige der Tochter ist nämlich nicht im eigentlichen Sinne »böse«, sondern einsam und traurig. Mit der Umfärbung des Hauses findet auch ein Umdenken beim Zuschauer statt: Was scheinbar böse ist, ist nur unvertraut und fremd. Wenn man es genauer betrachtet, ist es wie im richtigen Leben: Sobald einem etwas vertrauter wird, verliert man die Angst davor. Wie bei der echten »Ausländerfeindlichkeit« sind erstaunlicherweise immer diejenigen, die stärksten Gegner, die am wenigsten mit anderen Kulturen in Kontakt kommen, so wie beispielsweise bei Pegida. Betrachtet man etwas von Nahem, entpuppt es sich sogar als etwas Gutes.

Eigentlich schon fast ein Spot gegen Fremdenfeindlichkeit und Schwarz-Weiß-Malerei. Zu kurz kommt hingegen das Heimwerken. Die gelungene Integration des Schwarzen in das Weiße thematisiert vielmehr das Heimisch-Werden und die Annäherung der beiden Seiten, wie es auch im Märchen üblich ist. Zugegeben: Am Heimisch-Werden muss man auch arbeiten – dennoch dürfte ein Baumarkt hier für die allermeisten noch zu sehr um die Ecke gedacht sein. Emotional geht es um andere wichtige Themen, die uns sehr bewegen.

Beide Beispiele – *Zalando* wie Hornbach – zeigen jedoch, wie anregend Werbung sein kann, die das Böse einbezieht. Es symbolisiert nicht nur eigene seelische Tendenzen, die es zu verarbeiten gilt, sondern verleiht auch der Werbung selbst mehr Spannung. Natürlich ließe sich noch einiges optimieren. Dafür bedarf es Mut. Sagt nur einer, der mitreden darf, der geplante Spot sei aber aggressiv oder zu böse, wird sich meist auf weichgespülte, langweilige Werbung geeinigt. Diese tut dann zwar niemandem weh, bewegt aber auch nichts bei den Menschen. Wirksame Werbung polarisiert häufig. Weil sie Gegenpole wie Gut und Böse anspricht, wird sie auch von den Menschen extremer bewertet. Aber erfüllt die Werbung ihre seelisch relevante Funktion und erlöst uns für einen kurzen Moment vom dem Bösen, dann darf sie in die Vollen gehen, und das Böse macht uns sogar Spaß.

Die dunkle Seite der Stadt – *Jägermeister* und Honda

Das Böse kann in der Werbung durchaus auch ernsthaft in Szene gesetzt werden. *Jägermeister* und ein Online-Spot von Honda starteten Versuche, das Böse als etwas Attraktives zu inszenieren, das wir selbst ebenfalls gerne (aus-)leben würden.

Jägermeister sammelt dabei in den Straßen der Stadt Menschen ein, zusammen mit dem lebendig gewordenen Markensymbol, dem Hirschen.

Gemeinsam landen sie als »Treck« schließlich auf der Dachterrasse eines Hochhauses, die aussieht, als stünde man »mitten im Wald«. Hier findet eine dunkel inszenierte Party statt, die einerseits clubbig wirkt, andererseits durchaus etwas Mut zu erfordern scheint. Die Musik hat ebenfalls drogenartig verzerrten Charakter. Dennoch: Von Wald und Party könnte sich so mancher angezogen fühlen. Vollmond und die dunkle Seite der Macht aus *Star Wars* zieht viele magisch an. Oder Lord Voldemort bei *Harry Potter,* der seine Todesser gleichfalls in ähnlichen Szenarien um sich schart. Die *Jägermeister*-Szene wirkt genauso: fast wie ein Club von dunklen, verschworenen Gestalten, dem beizutreten zumindest für einige attraktiv sein dürfte. Die Marke setzt damit auf starke Kontraste. Eine Aussöhnung von Dunklem und Hellem, im Übertragenen von Gut und Böse, findet nicht statt, sondern eher eine Art Aufforderung, sich dem Rausch vollends hinzugeben. Mutig. Aber für eine Spirituosenmarke eben auch problematisch. Sie zeigt nicht, wie der Ausstieg aus dem Rausch funktioniert. Und liefert somit auch kein Maß für den Alkoholkonsum. Das muss man selbst finden – eine Aufgabe, die Werbung eigentlich lösen kann und muss. Die Attraktion des Bösen darf sein. Aber das Böse muss »verdaulicher« für den Alltag dargestellt werden und in den Alltag integrierbar sein. Sonst wird der Werbung vorgeworfen, sie selbst sei böse und manipulativ und verführe Jugendliche zum Komasaufen.

https://www.youtube.com/watch?v=vvy8cFQ7yoo

Gelungener, wenn auch deutlich weniger bekannt, stellt Honda in seinem Online-Spot für den *Civic R-Type* Gut und Böse gegenüber.

http://www.hondatheotherside.com/?x=en-gb

Der geneigte Zuschauer kann selbst durch das Drücken der R-Taste zwischen einer familiären Alltagssituation und einem Gangsterkrimi hin- und herswitchen – eine extrem ungewöhnliche, spannende Idee. Will man alles mitbekommen, muss man den Spot mehrfach anschauen und erneut »R« klicken. Das Hin- und Herspringen zwischen braver Familientag-Idylle und nächtlichem Einbruch-Gangster-Szenario macht so viel Spaß, dass man dies gerne häufiger tut. Die Honda-Inszenierung greift dabei gelungen die unterschiedlichen Verfassungen beim Autofahren auf. Sie liefert einerseits das Gefühl, mit dem Wagen und der Entscheidung für die Marke sicher und gut aufgehoben zu sein. Geeignet für Kinder, als Vater- oder Muttertaxi für Fahrten zur Schule, nicht zu teuer und auch nicht zu statuslastig. Tagsüber.

Die andere Verfassung, ebenfalls wohl jedem Autofahrer bekannt, ist »dunkler«. Mal richtig durchstarten, Gas geben, die Reifen quietschen lassen, keine Rücksicht nehmen, die Sau rauslassen. Das kann man selten ausleben, würde man aber trotzdem gern ab und an mal tun. In der nächtlichen Parallelwelt geht es richtig zur Sache: Einbrüche, Polizei, Verfolgungsjagd. Aber das Verblüffende: Tagesvater und Nachtraser sind ein und dieselbe Person. Honda gelingt es damit, sein Langweiler-Image aufzupolieren. Autos aus Japan gelten allgemein bei uns noch immer als Vernunft-Autos: viele Extras für wenig Geld. Aber sie sind gemeinhin auch eher unsexy. Honda zeigt hier: Man muss seine Leidenschaften beim Autofahrern nicht aufgeben.

Ein Honda eignet sich nicht nur als Familien-, sondern auch prima als Fluchtwagen. Freilich muss Honda das nun ein paar Jahre konsequent kommunizieren, um einen Imagewandel perfekt zu machen. Mit einem Jahr ist es nicht getan. Der Prozess der Entscheidung bei einem Autokauf dauert ja auch meist deutlich länger. Das aber ist etwas, was die Werbung selten versteht: Sie gibt schnell wieder auf, bleibt nicht konsequent an einem Thema und meint, man könnte es bei wenigen Wochen Werbelaufzeit belassen. Selten wird ein Spot ein oder gar zwei Jahre geschaltet. Gerade bei der Hilfestellung zur gesellschaftsfähigen Integration des Bösen in den Alltag aber wäre das vonnöten. Wir wollen wissen, ob eine Marke es ernst meint und ob wir uns auf sie verlassen können. Um Seite an Seite gegen das Böse anzutreten, sich mit ihm auseinanderzusetzen, dazu braucht es Vertrauen. Geduld und Durchhaltevermögen sind für die Werbung von besonderer Bedeutung, wenn es um unsere Erlösung vom Bösen geht, die ja nicht unbedingt eine Ausblendung, sondern vielmehr eine kluge Auseinandersetzung bedeutet.

Die Erlösung von dem Bösen: *Kesselchips*

Werbung findet nicht nur im Fernsehen, im Netz, auf Plakaten und in Zeitschriften statt. Wir werben täglich und ständig, und die Marken tun das auch. So ist auch jede Packung, jede Regalgestaltung, jedes Anschreiben, jeder Mitarbeiter Werbung für ein Unternehmen.

Beim Lebensmitteleinkauf zum Beispiel werden wir von sämtlichen Packungsdesigns am Regal umworben. Manchmal ist das sogar die einzige Werbung für das Produkt, weil es keine klassische Werbung[62] gibt oder wir sie noch nicht wahrgenommen haben. Ein Beispiel dafür sind die *Kessel-chips* von *funny frisch*. Produkt und Design mussten im Regal überzeugen.

Dabei ruft der Kessel als Name durchaus ambivalente, tiefgründige und vielleicht auf den ersten Blick sogar negative Assoziationen hervor. Der Hexenkessel fällt fast jedem ein. Aber auch Zauberkessel, Asterix und Obelix, Geheimnisvolles, Magisches. Was alles im Kessel gekocht und verarbeitet wird, kann extrem abgründig und gruselig sein. In Märchen dient der Kessel auch zum Kochen menschlicher Knochen. Gleichzeitig werden aber Traditionen, Handgemachtes und alte Kochkünste mit dem Kessel beschworen. Dennoch ist das Thema Kessel keineswegs durchweg nur harmonisch und positiv besetzt. Böses und Gutes kommen im Kessel zusammen. Das macht es mystisch und für das Seelische spannend. Viele Unternehmen schreckt das bereits ab. Aber Intersnack vertraute darauf, dass es sich beim Kessel um ein tiefgründiges Bild handelt, dessen Faszination sich die Menschen nicht entziehen können. Das Unheimliche rund um Hexenkessel und Mystik wurde sozusagen im Kessel mitverarbeitet, eingekocht und genießbar gemacht.

Die Packungsgestaltung greift die kultivierte, traditionelle und handgemachte Seite des Herstellungsprozesses im Kessel auf. Das Kesselbild selbst aber bedient Magisches und Tiefgründiges. Ein Kupferkessel, wie Menschen ihn sich vorstellen, mit Henkel, Feuer und Dampf, ist die Kultivierung des Mystischen, quasi die Erlösung von dem Bösen in einem einzigen Bild.

Diese Integration des Tiefgründigen führt letztlich zu einem spannenden und bekömmlichen Produkt – auch im seelischen Sinne. Und der Erfolg gibt *funny frisch* Recht: Die

Zuwachszahlen der Firma lagen im Jahr 2014 im dreistelligen Prozentbereich.[63] Darüber hinaus hat *funny frisch* mit den *Kesselchips* eine neue Chips-Kategorie begründet, die von Handel und Biomarken gleichermaßen kopiert wird.[64]

Zugegeben, wir wollen uns nicht täglich deutlich machen, dass wir bei allem und jedem, was wir tun, niedere Motive haben. Wir wollen uns gern als gute Menschen sehen und auch so wahrgenommen werden. Einer der ältesten menschlichen Wünsche ist es, vom Bösen erlöst zu werden, vor allem von dem Bösen in uns selbst. Denn dieses Böse ist es, das uns täglich herausfordert, Kompromisse zu finden, und uns mit uns selbst zu versöhnen. So zu tun, als ob wir gar nicht zweifeln, hadern oder ringen, funktioniert hingegen kaum. Auch bei der Werbung nicht. Sie muss Ventile schaffen für unsere menschlichen und allzu menschlichen Seiten. Dazu müssen diese aufgegriffen, zumindest aber angedeutet werden.

Das Konzept der *Kesselchips* zeigt, wie erfolgreich es ist, das Tiefgründige der menschlichen Seele in die Werbung zu integrieren: Es einfach zu ignorieren ist nicht nur langweilig, es funktioniert auch nicht. Weil es immer weiter brodeln würde in unserem inneren Kessel.

Es gibt nichts Gutes, außer man tut es – Oder: Der Psychopath in uns

Wie ist es aber mit dem Guten? Wollen nicht viele Menschen einfach nur helfen? Was ist mit Menschen wie Mutter Theresa, Krankenschwestern, Pflegern, Müttern, die sich aufopferungsvoll Anderen widmen? Steht hier nicht die Uneigennützigkeit im Vordergrund? Und wäre es nicht mindestens genauso wichtig, diese guten Regungen in der Werbung darzustellen? Zieht man die Märchen zu Rate, zeigt sich: Es geht immer um den Kampf und die Aussöhnung der beiden Seiten. Wie langweilig wäre ein Märchen, wenn es von einer schönen, lieben Prinzessin berichtete, die glücklich auf dem Schloss wohnt und für alle sorgt. Und auch psychologisch ist die Theorie des uneigennützig Guten kritisch zu betrachten.

Während meines Studiums gab es einen Professor, der die Psychologiestudenten in helle Aufregung versetzte. Behauptete er doch, dass es Altruismus im eigentlichen Sinne nicht gäbe. Das ganze Bedürfnis zu helfen und sich uneigennützig zu verhalten sei »nicht existent«. Das allein reichte, um einen Haufen empörter Studenten gegen sich zu haben. Oftmals sahen sie nämlich als zentralen Grund ihres Studiums den inneren Wunsch, irgendwann anderen aus der seelischen Klemme zu helfen. Der Professor aber setzte noch einen obendrauf: Altruismus, das sei letztlich »Sadismus am ausgeführten Objekt«. Wenn sich uns auch das ganze Ausmaß dieser Formulierung zunächst nicht erschloss, eines war allen sofort klar: Sadismus sollte das zentrale Motiv zu helfen sein. Sollte das etwa heißen, dass alle Menschen letztlich Sadisten und somit grundsätzlich schlecht sind? Eine solche Wertung konnte unser Professor nicht entdecken. Ob Menschen gut oder schlecht sind, interessierte ihn wenig. Relevant war für ihn nur das Ergebnis. »Wenn ich gegen den Baum fahre, ist es mir doch vollkommen egal, ob mich jemand aus Sadismus oder Altruismus abkratzt, Hauptsache, er tut es!« Die Wahrscheinlichkeit aber, dass ein Mensch aus sadistischen Gründen helfe, sei sehr viel größer. Denn dann folge er einem egoistischen Motiv, da er es freiwillig und für sich selbst tue.

Über 25 Jahre später verfolgt ein anderer Professor, Kevin Dutton, in seinem Buch *Psychopathen. Was man von Heiligen, Anwälten und Serienmördern lernen kann* ähnliche Gedanken.[65] Die Zusammenstellung, später noch um Ärzte ergänzt, lässt erahnen, welche Gemeinsamkeiten er den verschiedenen Berufen zuschreibt. Als Psychopathen werden im allgemeinen Menschen mit schweren Persönlichkeitsstörungen beschrieben, denen vor allem Empathie fehlt. Fast jede Störung ist aber so lange unauffällig, wie sie einen gesellschaftlich akzeptierten Weg findet sich auszudrücken. Tiefenpsychologische Studien zeigen beispielsweise, dass ein Teil der Chirurgen durchaus Spaß daran hat, Menschen aufzuschneiden.[66] Chirurgen ist es aber gelungen, ihre Neigungen in gesellschaftlich nützliche Formen zu bringen. Im Gegensatz zu Serienmördern. Empathisch ist aber auch der Chirurg nicht. Das merkt man schon daran, wenn der »Bauch von Zimmer sieben« operiert wird. Hier ist mangelnde Empathie sogar wünschenswert, denn sie führt erst zur echten Professionalität und zu großer Perfektion. Diese chirurgische Form der Eigennützigkeit wird kulturell geachtet. Fast alle geschätzten helfenden Berufsgruppen weisen ähnliche egoistische bis sadistische Züge auf. Damit konfrontiert, empören sich jedoch viele, weil ihnen die wahren Motive peinlich sind. Sie verdrängen ihre sadistischen Tendenzen und stellen sie in den Dienst eines helfenden Berufs. Dann ist die vermeintliche Störung (des Psychopathischen) vollkommen störungsfrei in unsere Gesellschaft integriert – in einem perfekten kulturell anerkannten Berufsbild. Menschen sind also weder grundsätzlich gut noch schlecht – sie sind immer beides. Und sie verwenden eine Menge Zeit und Aufwand, um die peinlichen, bösen und unangenehmen Seiten zu tarnen.

Der Kauf umweltfreundlicher oder biologisch angebauter Produkte hat ebenfalls viel egoistischere Gründe, als man zunächst vermuten würde. Nur aus Liebe zur Natur gibt kaum jemand Geld aus. Die Bereitschaft steigt aber massiv, wenn wir einen direkten persönlichen Nutzen vom Umwelt-, Tier- oder Naturschutz haben. Das ist auch gut so. Denn wenn die Menschen selbst etwas von ihren guten Taten haben, sind sie viel eher bereit, sie zu tun. Bioäpfel gibt es schon lange, aber erst, seit sie ihr Schrumpelimage verloren haben, attraktiver aussehen als normale Äpfel und in üppig-sinnlichen Bio-Supermärkten statt nur in asketischen Reformhäusern präsentiert werden, sind die Menschen auch bereit, mit ihnen die Welt zu retten. Genauso haben vielen junge Veganer persönlich etwas vom Vegan-Sein: Sie können damit gegen ihre Eltern rebellieren. Das ist heute gar nicht mal so leicht. Denn die Bereiche der Rebellion sind in unserer westlichen Kultur seit den 1968ern weitestgehend abgegrast. Sex und Drogen schockieren heute kaum noch jemanden.

Schon allein der Wunsch nach Rebellion zeigt, dass wir mit allem, was wir tun, auch egoistische Ziele verfolgen. Diese können im Extremfall dann eben auch rücksichtslos und böse werden. Oder umgekehrt: Das Böse kann uns in gesellschaftlich akzeptablem Gewand entgegentreten. Solange dies aber nicht nur einem selbst, sondern auch anderen zugutekommt, wie etwa die durchaus auch sadistischen Tendenzen bei Ärzten, ist es gesellschaftstauglich. Dass diese Neigung zum Sadismus tatsächlich auch messbar ist, zeigte jüngst eine repräsentative, im Handelsblatt veröffentlichte Umfrage: Jeder dritte Jurastudent ist für die Wiedereinführung der Todesstrafe, mehr als die Hälfte befürwortet Folter unter bestimmten Bedingungen.[67]

Die Werbung muss wie die Menschen ihre egoistischen Neigungen konsumerabel verpacken. Logischerweise will sie verkaufen. Das akzeptieren wir genau dann, wenn wir auch etwas davon haben. Bei einem Chirurgen legen wir uns unters Messer, weil ansonsten der Blinddarm platzt. Die egoistischen Befriedigungen, die der Arzt dabei – oft sicher auch unbewusst – mit erfährt, sind uns dann ebenfalls von Nutzen. Eine Werbung mögen wir, wenn wir mindestens genauso viel davon haben wie der Werbetreibende. Wir müssen auch Freude, Entspannung, Entlastung empfinden und seelisch relevante Lösungsvorschläge angeboten bekommen, die wir so noch nicht gesehen haben. Reine Selbstbeweihräucherung von Marken und Produkten mögen wir nicht. Wir erwarten von den Werbeexperten genauso wie von Ärzten und Anwälten, dass sie in der Lage sind, ihre Neigungen und ihren Egoismus in unseren Dienst zu stellen. Das dürfen wir auch – schließlich sollten es Experten sein. Wir akzeptieren nicht, wenn es in der Werbung nicht um uns geht und die Werbung nur ihren eigenen Egoismus auslebt. Bei einem Chirurgen, der uns freudestrahlend verkündet, wie gern er uns aufschlitzt, würden wir uns ja auch umorientieren – aus Sorge, dass er sein Handwerk nicht versteht.

Werbung muss also unsere seelische Faszination des Bösen in eine gesellschaftlich akzeptable Form bringen – ohne den Spaß an Gewalt, Aggression, Untiefen, Unheimlichem und Fiesem zu leugnen. Gelingt das, schafft sie (Er-)Lösungen – und genau das ist ihre Aufgabe.

V Die Kraft der magischen Drei

Aller guten Dinge sind Drei

Die Drei ist im Märchen eine besondere Zahl. Wir lesen
von drei Wünschen, drei Prüfungen, drei Nächten oder
drei Brüdern. In der Mythologie und fast allen Religionen
spielt die Drei eine ebenso zentrale Rolle. Die griechischen
Götter Zeus, Poseidon und Hades teilen sich die Herrschaft
über die Menschen. Die Hindus sprechen dem Schöpfer
Brahma, dem Erhalter Vishnu und dem Zerstörer Shiva
eine besondere Bedeutung zu. Im Christentum finden sich
die Lehre der Dreifaltigkeit, drei Mitglieder der Heiligen Familie, drei Könige in der Weihnachtsgeschichte und die
Auferstehung Jesu am dritten Tage.

Bei genauerer Betrachtung bestimmt die Drei wie wahrscheinlich keine andere Zahl sonst unser Empfinden und
unseren Alltag. Jochen Olbrich sammelt bedeutsame Dreier
auf seiner Homepage:[68] die Dreiteilung der Gewalten, der
Dreischritt der Dialektik (These, Antithese, Synthese), die
drei Steigerungsformen der deutschen Sprache, drei Schul-
formen, die drei tollen Tage im Karneval, der Mensch an
sich in der Dreiteilung Körper, Geist und Seele, sind nur einige Bespiele. Natürlich findet sich auch im Sprachgebrauch die Drei: »Dreimal darfst du raten«, Dreikäse-
hoch, bis drei zählen und »in drei Teufels Namen«.

Welche tiefere Bedeutung könnte die Drei also haben? Wo-
her nimmt sie ihre Magie? Neben der Drei finden sich zwar
in den Märchen auch die Sieben und die Zwölf, aber weitaus seltener.

In den verschiedenen Märchen funktioniert etwas meist erst mit dem dritten Versuch, dem dritten Wunsch oder dem dritten Bruder. Oft ist es der jüngste, gegenüber den beiden älteren benachteiligte Bruder, der am Ende überlegen ist, wie bei *Tischlein deck dich, Goldesel und Knüppel aus dem Sack* und dem *Gestiefelten Kater*. Der letztere ist zunächst das vermeintlich schlechteste Erbe im Vergleich zur Mühle und zum Esel, entpuppt sich aber schließlich als wahrer Gewinn. Meist werden die ersten beiden Wünsche im Märchen wenig klug eingesetzt. Erst der dritte zeigt dann, dass der Wünschende dazugelernt hat. Auch der häufig gebrauchte Topos von drei Prüfungen verdeutlicht, dass man oft mehrere Anläufe braucht, bis etwas gelingt. Wie zum Beispiel im *Teufel mit den drei goldenen Haaren*, wo es gar eine dreifache Verschachtelung der Drei gibt: Dreimal soll das Kind mit der Glückshaut umgebracht werden, drei Prüfungen müssen bestanden werden, drei Haare werden dem Teufel entwendet. Auch *Rumpelstilzchen* enthält drei Nächte zum Goldspinnen und drei Versuche der Königin, den richtigen Namen zu finden. Bei dem Märchen *Von einem, der auszog, das Fürchten zu lernen* lassen sich die drei Prüfungsnächte als Symbol für den Reifungsprozess zur Mannwerdung verstehen. Ein halber Mann, der in der ersten Nacht durch den Kamin kommt, greift seelenanalog auf den Sprachgebrauch für Jugendliche als Halbstarke zurück,[69] den Ausgangspunkt der männlichen Entwicklung. Der zweite Entwicklungsschritt in der zweiten Nacht ist die Auseinandersetzung mit der Männerrunde beim Kegeln (mit Gebeinen, die auf die Schwierigkeit und Ernsthaftigkeit des Themas verweisen). Schließlich wird sich in der dritten Nacht erstmalig dafür »erwärmt«, mit jemandem das Bett zu teilen. Wie unerfreulich diese Erfahrung sein kann, zeigt sich daran, dass er mit einem Toten ins Bett steigt, den er durch seine Körperwärme wieder aufzuwecken sucht. Das geschieht zwar freiwillig, nimmt aber kein gutes Ende. Der zum Leben erweckte Tote will dem Märchenhelden an den Kragen. Für eine Weile wird die neu entdeckte Sexualität dann wieder weggesperrt und zurück in den Sarg gelegt. Nach den durchlittenen Prüfungen findet die eigentliche Mannwerdung statt: durch die Liebe zu einer Frau, die ihn schließlich das Gruseln lehrt. Beides gehört wohl nicht nur im Märchen zusammen. Die Fische, die die liebende Frau ihm auf den Bauch schüttet, führen endlich zum ersehnten Gruseln. Aber sie sind kaum die Ursache. Das ist vielmehr die Unmittelbarkeit und Direktheit der Gefühle, die sich mit den Fischen auf dem Bauch wie auch der Liebe im Bauch verbinden. Sicher ein Grund, warum sich mancher so schwer damit tut, sich in der Liebe fallen zu lassen.

Mehrfache Wiederholungen als Notwendigkeit, um Seelisches in Entwicklung zu bringen, hebt auch Gloria Becker in ihrem Buch *Kontrolle und Macht* hervor.[70] Nicht nur beim Erwachsenwerden müssen wir Schleifen drehen, um weiterzukommen. Wir müssen uns Zeit nehmen, etwas durchzuarbeiten, etwas zu versuchen oder anders zu machen, etwas zu drehen und zu wenden, um uns weiterzutreiben und etwas zu lernen.

Dennoch bleibt die Frage, wieso es meist genau drei Wiederholungen sein müssen und nicht vier oder fünf. Zumal wir auch wissen, dass drei Versuche nicht immer ausreichen. Offenbar aber ist die Drei für das Seelische ein relevantes Symbol, welches wir als Maß für Lernen und Entwicklung dekodieren und verstehen.

Joachim Wörner[71] hat eine überaus alltags- beziehungsweise erlebnisnahe Theorie aufgestellt. Die Bedeutung der magischen Drei hängt mit den Erfahrungen der Urmenschen in ihrem Umgang mit dem zu transportierenden Trinkwasser und den zu tragenden Steinen zusammen. Während sich Pflanzen, Tiere und die Menschen selbst in Größe, Form und Gewicht ständig veränderten, waren Wasser und Steine immer konstant schwere Materialien. In ihrer kleinsten Form als Tropfen oder Sand stehen beide Naturprodukte auch aus physikalischer Sicht in dem unveränderlichen (Gewichts-)Verhältnis 1:3. Jahrtausende später zeigt sich wie relevant dieses menschliche Empfinden war. Das spezifische Reingewicht aller auffindbaren Natursteine bewegt sich zwischen 2,7 und 3,1 Gramm und ist somit proportional das dreifache Gewicht von Wasser. Für grobe Bauplanungen mit Natursteinen benutzt man heute noch die Drei als Multiplikator zur Gewichtserrechnung pro Volumen. Erste menschliche Alltags- und Lernerfahrungen haben also schon mit der Drei und einem bestimmten Verhältnis zur Drei zu tun. Genau deswegen kann die Drei in den Märchen und unserem Seelenleben Relevanz erhalten. Magisch kann sie werden, weil sie eine ursprüngliche Erfahrung abbildet. Zu lernen, sich zu entwickeln und auch das richtige Maß zu finden, gelingt also leichter durch die Zuhilfenahme der Drei. Dreifaches Wiederholen, Einüben und Ausprobieren versteht unser Seelisches, das maßgeblich durch Erleben und Empfinden geprägt ist, als relevantes Sinnbild dafür, wie man durch den Alltag und durchs Leben kommen kann. Und mit welchen Methoden es gelingen kann, im Leben weiter- und vorwärtszukommen.

Die Werbung sollte sich dieses Wissen häufiger zu Nutze machen. Durch die Kraft der magischen Drei kann der Zugang zu Produkten erleichtert werden. Sie hilft uns abzuwägen, zu lernen, zu wählen und zu entscheiden oder das rechte Maß insbesondere bei sündigen Produkten zu finden. Sie lässt uns die Zeit, die wir brauchen, etwas auszuschließen und Neues zu versuchen. Auch ein neues Produkt auszuprobieren, einen Markenwechsel vorzunehmen, eben sich zu trauen, etwas anders zu machen, ist seelische Entwicklung.

Flotter Flirt mit dem Dreier bei *Henkell*-Sekt

Die Drei findet sich in alten märchenhaft-mythologischen Motiven auch oft im Zusammenhang mit der Partnerwahl. *Das Motiv der Kästchenwahl*[72] beschreibt, wie zwischen drei Kästchen, Dosen oder Behältern, die aus psychoanalytischer Sicht symbolisch für Frauen stehen, gewählt werden muss. Das sieht zunächst wie ein tolles Angebot aus. Wer möchte nicht in der Liebe frei wählen können? Aber es gibt eigentlich nur eine richtige Entscheidung: die unscheinbarste, am wenigsten glänzende oder gar stumme Frau. Denn das, was wie eine freie Wahl aussieht, ist eigentlich noch nicht einmal eine wirkliche Wahl. Sondern eine Scheinwahl, weil das oder die Dritte symbolisch für den Tod steht. Das Stumme oder Glanzlose wird in Traum- und Märchensprache von der Psychoanalyse als Tod verstanden. Und tatsächlich: wählt man in Mythen oder Märchen die Goldene oder Schönere, nützt es nichts. Dann führt diese Wahl ebenso zum Tod. Wir vermeinen also, frei zu sein, wo wir es gar nicht sind. Nicht nur aller *guten* Dinge sind drei, manchmal trifft das auch auf die schlimmen Dinge zu. So gibt es in vielen Kulturen zum Beispiel drei Schicksalsgötter. Das Dritte ist auch hier die Zerstörung, das Ende, der Tod, ganz gleich, ob man die nordischen Nornen oder die altgriechischen Parzen betrachtet.

Aus Sicht der Morphologischen Psychologie wirkt diese Ausweglosigkeit etwas weniger dramatisch. Mit einer Wahl oder einer Entscheidung schließt man andere Möglichkeiten aus, zumindest vorerst. Man tötet quasi die anderen Optionen. Mit der Eheschließung sind andere Hochzeiten in der westlichen Kultur nicht erlaubt, mit der Annahme einer Vollzeitstelle wird die Ausübung anderer Berufe nebenher zumindest erschwert. Auch das Schwelgen in unendlichen Möglichkeiten stirbt damit erst einmal. Hat man sich vor der Entscheidung den Beruf, die Liebe oder das Kinderkriegen in den schönsten Farben ausgemalt, findet sich in der Konkretisierung oft vieles davon nicht wieder. Weil wir das wissen, wollen wir uns auch manchmal lieber gar nicht entscheiden oder festlegen. Es gibt Situationen im Alltag, in denen wir das Vorgestaltliche[73] und das Sich-Nicht-Festlegen sogar sehr genießen. Beim Flirten ist das zum Beispiel so. Hier geht es ausdrücklich darum, eine Wahl zu vermeiden. Und das ist selten genug im Leben so attraktiv wie in dieser seelischen Verfassung.

Die *Henkell-Sparkling*-Flirt-Werbung inszeniert einen Flirt mit gleich drei Frauen.

Wir sehen einen Mann in einem prunkvollen Saal an einem festlichen Tisch. Unter dem Tisch ein nackter Fuß, der sich an seinem Knie hochschiebt. Er kann nicht identifizieren, wer sich da unten an ihn heran macht: Denn drei Frauen wechseln sich mit vielversprechenden Blicken ab. Endlich steht eine auf, nimmt sich die Flasche Sekt aus dem Kühler und geht in Abendrobe barfüßig die Treppe nach oben. Grinsend will der Mann schon hinterher, als sich die beiden anderen Damen ebenfalls erheben. Auch sie sind ohne Schuhwerk unterwegs. Zurück bleibt ein schmunzelnder Mann, der an seinem Sekt nippend bemerkt, dass er in Wahrheit gar keine Wahl hatte. Er war offenbar nur der Spielball der Ladies. Dennoch behält er seine souveräne männliche Ausstrahlung und genießt den Sekt. Dieser wird, genau wie der Flirt, in vollen Zügen ausgekostet. Der Werbung gelingt es, das Reizvolle des Vielversprechenden zu inszenieren. Zum Absch(l)uss kommt es aber nicht. Durch das ungewollte Nicht-Wählen des Mannes wird eine elegante Lösung gezeigt: Es kann auch Freude machen, ab und an nur das Vielversprechende und das Vorgestaltliche zu genießen. Würde man das freilich immer tun, dann käme man zu nichts. Weder zu einer Frau noch zu einem Beruf, zu Haus oder Kind. Aber die *Henkell*-Sekt-Werbung zeigt auch, dass man sich keineswegs immer entscheiden muss. Man muss auch nicht immer aus dem Vollen schöpfen. Es reicht, an der heimlichen Fantasie zu nippen, es gleich mit Dreien zu treiben.

Der Spot findet durch den fantasievollen Flirt auch in anderer Hinsicht eine Lösung für unsere gierigen Anflüge. Ein Schlückchen von der Versuchung zu probieren, ist der wahre Genuss: bei den Frauen genauso wie beim Trinken. Statt Besäufnis maßvolles Genießen, statt Sex mit drei Frauen Spaß in der Fantasie. Beides hat deutlich weniger Konsequenzen – und diese Wahl ist in diesem Falle die beste von allen möglichen.

https://www.youtube.com/watch?v=wJfMMB-my3U

Als das Wünschen noch geholfen hat

In den Märchen hilft das Wünschen. Und auch hier sind es zumeist drei Wünsche, die eine Fee, ein Dschinn oder ein ähnliches Zauberwesen erfüllt. Aber leben wir wirklich in einer Zeit, in der wir noch an das Wünschen glauben? Der Erfolg der esoterischen oder parapsychologischen Buch- und Seminarwelt scheint dafürzusprechen. Der C-Promi und Schauspieler Pierre Franckh bietet beispielsweise ernstgemeinte Seminare zum Thema »Erfolgreich wünschen« an. Menschen senden dort Botschaften ins All und bitten um Erfüllung ihrer Wünsche. Die inzwischen weit mehr als drei erfüllten Wünsche werden natürlich veröffentlicht. Seien wir mal ehrlich: Die Fürbitten, die in den Kirchen gesprochen werden, sind letztlich nichts anderes. Die Bibel enthält ebenfalls viele Wuncherfüllungen von geheilten Unheilbaren und reuigen Sündern. Der Glaube versetzt schließlich Berge. Und wenn dem so ist, dann fällt es auch nicht mehr schwer, in Versteinerungen Verwünschungen zu sehen. Wünsche können quasi den Stein wieder ins Rollen bringen. Genau dazu dient nämlich das Wünschen: etwas in Bewegung zu setzen, das irgendwie feststeckt, eine Lösung für etwas zu finden, für das es keine Lösung zu geben scheint.

So, wie das *Überraschungsei* eine Lösung für etwas scheinbar Unlösbares ist, gewissermaßen die eierlegende Wollmilchsau. In der Werbung der 1990er wird auch genau damit kokettiert. Ein Kind wünscht sich drei auf den ersten Blick unvereinbare Dinge gleichzeitig: etwas Spannendes, etwas zum Spielen und Schokolade. Einmal vom Vater, der aus dem Büro kommt, ein anderes Mal von der Mutter, die einkaufen geht. Eine Verdichtung der drei Wünsche, die man normalerweise frei hat. Hier allerdings zeigt sich auch Gier. Das Kind scheint noch kein Maß zu kennen. Und obwohl Eltern sicher oft gerne Wünsche erfüllen, wünschen sich wohl so manche von ihren Kindern mehr Bescheidenheit. Mit dem *Überraschungsei* können jedoch alle drei Wünsche auf einmal erfüllt werden, und nebenbei der eigene: die Gier des Kindes einzudämmen. Die Dreieinheit aus Spannung, Spiel und Schokolade hat darüberhinaus einen märchentypischen Lerneffekt. Man muss sich durcharbeiten, im Idealfall etwas aufbauen und erhält eine süße Belohnung.

Gemeinhin unterstellen wir der Werbung, dass sie in uns Bedürfnisse oder Wünsche überhaupt erst weckt. Diese Werbung spielte mit der Wunscherfüllungsfantasie der Märchen. Heutzutage traut sich die Werbung das kaum noch. Die Wunscherfüllung mit dem Maßhalten zusammenzubringen, ist ein selten gekonnter Kniff in der Werbung. Wenn es um die Befriedigung der Bedürfnisse geht, ist die Werbung heute in der Regel viel plumper. Sie erfüllt den Wunsch nach langen Wimpern, sauberer Wäsche oder einem Schokoriegel viel zu direkt. Sie bietet keinen Kompromiss, keine Vermittlung, sondern versucht, die Menschen zu unmittelbarem Vergnügen zu verführen. Dem simplen Lustprinzip zu frönen. Dabei ist die Aufgabe der Werbung als modernem Märchenerzähler, Wünsche nicht direkt zu bedienen, sondern in eine psychologische Vermittlung zu bringen. Mäßigung statt gieriger Übertreibung ist auch hier das Zauberwort. Werbung darf das Maßlose ansprechen und helfen, es in Teilen auszuleben, in einer gesellschaftlich anerkannten Form. Sie darf das Maßlose nicht noch steigern, nicht zum ungehemmten Saufen, Fressen oder anderen Maßlosigkeiten animieren. Das passt nicht in unsere Zeit – und es hilft auch nicht dabei, sich mit den eigenen seelischen, durchaus extremen Regungen zu arrangieren. Natürlich betrinken wir uns ab und an. Oder essen zu viel. Die Werbung darf uns spüren lassen, dass sie um dieses Dilemma weiß, und sollte unsere unterschiedlichen Bestrebungen in einem sinnvollen Maß zusammenführen. Auch da helfen Märchen bei der Einschätzung. In *Der Fischer und seine Frau* wird gezeigt, wohin maßlose Wünsche führen können. Der Butt erfüllt der Frau des Fischers Wünsche, bis sie uferlos werden. Sie will nach Hütte, Schloss, Königin, Kaiserin und Papst letztlich werden wie Gott und landet, wo sie anfangs war, in einem armseligen Topf. Es gilt, auch beim Wünschen ein gutes Maß zu finden. Auch hier kann man sich verspekulieren. Werden die Wünsche zu gierig, enden sie in einer Verkehrungserfahrung: Am Ende hat man nichts. Zumindest fühlt es sich so an. Denn immer ist die Steigerung irgendwann fad und wertlos. Wie im Märchen. Die Hütte, das Schloss und das Ansehen als Kaiser – alles nichts mehr wert. Nach ganz viel kommt ganz wenig. Nach ganz fest ganz locker. Das muss die Werbung berücksichtigen. Sie darf niemals zu viel Wunscherfüllung versprechen. Beim *Überraschungsei* führt uns die Werbung die Maßlosigkeit zunächst vor Augen, um sie dann zu begrenzen. Sie ist damit Werbung, die Kinder und Erwachsene gleichermaßen unterstützt. Sie erfüllt Wünsche und hilft Eltern, ihren Kindern Grenzen aufzuzeigen. Und sie versteht den Ärger, den man manchmal über die Ungezogenheit der Kinder verspürt. »Mein Kind, die Ilsebill, will nicht so wie ich gern will.«[74] Eltern möchten, dass Kinder sich mit weniger zufrieden geben. So wie der Fischer es sich im Märchen von seiner Frau Ilsebill wünscht. Das kleine *Ü-Ei* kann den Blick verändern und helfen, auch im Kleinen ganz viel zu sehen. So bleibt es eben eine besondere Überraschung, wenn viele Wünsche auf das Maß eines einzigen kleinen Eis gebracht werden können.

Dreimal singen, dreimal sagen, im Takt schlagen: Sinalco, Chio und DA, DA, DA

Beim Wünschen, wie beim Wählen hat die Drei eine magische Bedeutung. Die dreifache Wiederholung hat aber auch einen beschwörenden Charakter – so kann durch dieses simple Prinzip in Märchen und Werbung eine nachhaltige Wirkung geschaffen werden.

Die altbekannte Haarspraymarke *Drei-Wetter-Taft* hat sich nicht gescheut, die Drei konsequent einzusetzen. Überhaupt scheinen drei Wetterarten fast eine Erfindung der Marke zu sein. »Die Frisur sitzt« ist dank gebetsmühlenartiger Wiederholung in der deutschen Sprache fast schon zu einem geflügelten Wort geworden. Inzwischen wird es unabhängig vom tatsächlichen Haarzustand aufgegriffen um festzustellen, dass man etwas gut und ohne Blessuren überstanden hat. Nicht nur das Fliegen. Egal, wo man wie landet, nichts kann passieren. Zumindest sieht man es einem nicht an. Durch die dreimalige Wiederholung des ordentlichen Sitzes, durch die drei märchenanalogen Landungsprüfungen konnte das Haarspray zu einem makellos-steifen Yuppie-Auftritt in den 1990er-Jahren verhelfen. Anders als im Märchen führen hier die Prüfungen bei der Frau zu keiner Veränderung. Vielmehr werden Haare zementiert und Gesichtszüge versteinert. Die Perfektion war damals schon fast eine Karikatur. Heute dagegen gilt es vielmehr, kleine Fehler und Unperfektes zu zeigen. Gerade dadurch drückt sich Erfahrung im Bereich von Lebensprüfungen aus. Aber die drei Prüfungen darf die Werbung aufgreifen. Nicht nur beim Haarspray.

Eine der ältesten deutschen Marken aus dem Jahre 1905 erfuhr jüngst ein Revival. *Sinalco* war die erste Softdrink-Marke in Europa und besinnt sich konsequent auf das Prinzip der Drei. Damit hatte die Marke schon mehrmals Erfolg. Dabei ist der dreisilbige Markenname noch nicht weiter ungewöhnlich. Der immer noch sehr bekannte Claim »Die *Sinalco* schmeckt« besteht ebenfalls aus drei Wörtern und kann trotz langer Abstinenz in der Werbung von vielen Befragten sofort wiedergegeben werden. Beim Singen des Claims in der TV- und Radiowerbung findet sich die wichtigste dreifache Wiederholung, die die Marke praktiziert: die der letzten Silben. Vermutlich summt fast jeder bei »Die *Sinalco* schmeckt, die *Sinalco, nalco, nalco* schmeckt« mit. Fast schon wie durstlöschende Schluckgeräusche klingen die Verkürzungen »*nalco, nalco*«. Hoffentlich bleibt die Marke diesmal länger bei diesem wohlklingenden Dreiklang.

Manch andere Marke wird mit drei Wiederholungen zum Beispiel ihres Namens besungen. Manchmal merken die Verantwortlichen erst, nachdem sie einen solchen Jingle abgesetzt haben, wie bedeutsam er für die Marke war. »*Chio, Chio, Chio-Chips*« ist ein Beispiel dafür, wie sehr ein Markenkern und die Markenerinnerung mit einem Musikstückchen verknüpft sein können. Hier klingt das »Tsch« von *Chio* fast wie das Krachen der Chips beim Draufbeißen. Es macht Appetit und vermittelt wie bei *Sinalco* schon allein durch die schmackhaft klingende Wiederholung einen Teil des Genusses.

Nicht nur, um Geschmacksnerven zum Klingen zu bringen, eignet sich der rhythmische Gesang. Der Versicherungsanbieter *DA Direkt* startete jüngst eine Werbekampagne, in der auf den Trio-Song *DA, DA, DA* zurückgegriffen wird.[75] Dies ist in zweifacher Hinsicht genial: Zum einen geht die Wiederholung auch hier nicht nur ins Ohr, sondern direkt in die Seele. Zum anderen sendet der Song auch eine weiterführende Botschaft: Die Versicherung ist für ihre Kunden da, und zwar auch ganz in der Nähe. Sie ist die einzige unter den Direktversicherern, die auch Geschäftsstellen mit Ansprechpartnern betreibt. Dass im Jingle außerdem der Markenname auftaucht, ist ein weiterer Vorteil.

Die melodiöse Drei hat darüber hinaus noch eine wiegende Funktion. Wir kennen sie von Einschlafliedern oder vom Dreivierteltakt des Walzers. Die Drei in dieser Form führt zu schneller Vertrautheit mit der Marke. Sollte den Werbern also kein Reim gelingen,[76] ist es eine gute Alternative, dreimal zu singen oder die Aussage dreimal rhythmisch zu wiederholen, um in die Herzen der Menschen zu gelangen.

Covern, wiederholen und sich lustig machen

Ja, Werbung kann nerven. Aber sowohl Werbung als auch Märchen können uns immer wieder faszinieren, sogar wenn sie wiederholt werden. Gute Werbung wird abgewandelt, persifliert, ironisiert und wie Songs im Musikgeschäft für unterschiedlichste Zwecke gecovert. Wenn Witze über Werbung gemacht werden, darf das Unternehmen sich eigentlich freuen. Denn es zeigt, dass ein essenzielles Thema getroffen wurde. Dieses erfährt durch den Witz eine weitere Bearbeitung.

Märchen werden ebenso abgewandelt. Es gibt Kinder- und Kurzformen, Versuche, sie in eine zeigemäße Sprache

zu übersetzen, diverse Filmversionen wie die allweihnacht-
liche Sendeorgie zu *Drei Nüsse für Aschenbrödel*. Natürlich
gibt es auch eiserne Verfechter der Originalmärchen. Die
Urform soll hier möglichst unangetastet bleiben. Mehr
noch, nur in dieser Version dürfen sie vorgelesen und vermittelt werden. So sehr der Erhalt der (Original-)Märchen
wertzuschätzen ist, so lässt diese Forderung doch einen
psychologisch interessanten Tatbestand außen vor: Das
Tun an sich, das Umerzählen und Verändern also, hat einen Sinn. Märchen werden verwandelt, um sie sich anzueignen und sich damit vertrauter zu machen. Auch die
Witzversionen wie im Spielfilm von Otto *Sieben Zwerge –
Männer allein im Wald* sind Formen der Aneignung und
Auseinandersetzung.

Genauso ist es bei der Werbung. Wird sie gecovert und abgewandelt, ist das ein Zeichen ihrer Wirkung. »Ich will so
bleiben, wie ich bin« – ein alter Claim von *Du darfst* – wird
heute noch persifliert. Ein Cartoon zeigt einen bierbäuchigen
Mann in *Schießer*-Unterwäsche vor dem Fernseher. Er rotzt
mit gefühlter Zusatzspucke heraus, dass er so bleiben will,
wie er ist. Die Frau, die mit gepackten Koffern gerade auf
dem Weg zum Ausgang ist, flötet nur »Du darfst«. Auch die
amtierende Verteidigungsministerin Ursula von der Leyen
sah sich schon in der *Heute Show* als Persiflage vor dem altbekannten *Du darfst*-Spiegel hin und her flanieren, um zu
verdeutlichen, dass sie ihre Haltung nicht verändern will. Begleitet von der »Dolce Vita«-Musik, die den *Du darfst*-Claim
in früheren Kampagnen begleitet hat.

»Ich will so bleiben, wie ich bin« und »Come in and find
out« leben über ihren Tod hinaus weiter. Obwohl sie schon
lange abgesetzt sind, wiederholt das Seelische sie, um
durch Abwandlungen relevante Themen neu zu bearbeiten.

Im Netz und auf Youtube finden sich viele bearbeitete Coverversionen der erfolgreichen EDEKA-Werbung »Wir lieben Lebensmittel«, die sich hier oft schlicht »Verarsche« nennen.

https://www.youtube.com/watch?v=BG_IlHOGo00

EDEKA erfüllt an der Wursttheke übrigens auch drei (Kunden-)Wünsche (hier sind sie wieder, die magische Drei und der Wunsch). Präzise 100 Gramm, 200 Gramm und 268 Gramm Wurst werden abgewogen, die deutlich machen, wie sehr die Kundenanliegen dem Unternehmen am Herzen liegen. Dabei wird nebenbei das Thema deutsche Präzision mit grandioser Leichtigkeit eingebunden. Weil EDEKA einen liebevolleren Blick auf die Lebensmittel wirft, fällt es nicht schwer, auch auf kundenrelevante Details zu achten.

Solche funktionierende Werbung wird kopiert! Schade, dass die Werbetreibenden das oftmals als Beweis für Versagen ansehen. Sie entfernen die interessanten, spannenden und wirksamen Elemente aus der Werbung, um uns mit weichgespülten, harmonisierten Versionen einzuschläfern. Bei »Come in and find out« hat man wohl ebenso mehr Schaden als Nutzen vermutet. Eine Fehleinschätzung.

Umgekehrt übernehmen manche Marken vermeintliche Erfolgselemente aus der Werbung. Sie kopieren oder covern, weil sie meinen, das Patentrezept gefunden zu haben. So schon häufiger geschehen mit dem Begriff Maître Chocolatier von *Lindt*,[77] einem der am häufigsten genannten Werbeelemente der Marke. Da kann man schon mal auf die Idee kommen – insbesondere bei rein quantitativen Werbemitteltests –, man müsste sie nur kopieren und hätte den gleichen Erfolg. Dabei haben die kochähnlichen Schokoladenkünstler bei *Lindt* eine spezielle Funktion, die sich nicht einfach auf andere Bereiche übertragen lässt. Die weißen Herren stellen durch ihren kultivierten und sorgfältigen Herstellungsprozess eine perfekte Deckgeschichte (Cover-Story) für autoerotische, gierige und sogar schmierige Schokoladenseiten dar. Unter dem Deckmantel der weißen Chocolatiers-Welt ist das Schwelgen in üppigen oralen Verschmelzungsfantasien möglich. Die Schokolade wird gerührt, gezogen und tropft verführerisch in die Conche zurück. Ein extrem sinnliches Versprechen, das Wasser läuft im Mund zusammen. Die verschmelzende orale Autoerotik ist eine Art Kuscheln mit sich selbst. Die Befragten möchten am liebsten gleich ihre Zunge in den Schokaldenfluss halten. Je mehr die Schokolade tropft und läuft, desto höher ist das Verschmelzungsversprechen. *Lindt* gilt als besonders schmelzzarte und hochwertige Schokoladenmarke. Das aber, was die Chocolatiers mit der Schokolade veranstalten, darf man sich einmal in der heimischen Küche vorstellen. Aus der sauberen Rührlogik wird dann schnell eine riesige Sauerei. Die durchaus schmierigen Seiten werden durch die Chocolatiers gekonnt verdeckt. So kann man sich den autoerotischen Seiten hingeben, ohne sich dabei schlecht oder gar schmutzig fühlen zu müssen. Aus dem Zusammenhang gerissen und in ein anderes Umfeld verpflanzt, wirken die Männer mit den Kochmützen verständlicherweise leicht steif und formalisiert. Beim Suppekochen oder Keksebacken zum Beispiel ist eine solche Kultivierungsleistung überhaupt nicht erforderlich. Dennoch darf *Lindt* sich über die Kopien der Chocolatiers freuen. Da sie die ersten waren, zahlt hier jede Reproduktion letztlich auf ihr Markenkonto ein. Das sollte die Werbekopierer eigentlich nachdenklich stimmen. Genauso wie die, die wegen der Kopien und Persiflagen überschnell zur Umorientierung neigen.

Übrigens, auch wenn die Wiederholung seelisch durchaus relevant ist: Durch Penetranz wird ein schlechter Werbespot oder Claim nicht attraktiver. Dann ist er wie ein lästiger Stalker oder ein aufdringliches Groupie. Werbung nervt oft genau damit. Die Wirkung der Werbung braucht, wenn sie gut ist, nicht mehr als drei Wiederholungen.

VI Happy bis ans Ende aller Tage

Eigentlich müsste es eine Selbstverständlichkeit sein, dass die Werbung uns zu einem glücklicheren Leben verhilft. Die Produkte sollen unseren Alltag noch schöner, noch eloquenter, noch leichter, noch gemütlicher, noch sinnlicher, noch erotischer machen. Allzu oberflächlich Harmonisiertes und auf Hochglanz Poliertes ist für unser Seelisches jedoch unglaubwürdig. Wir können das Glück, das uns vorgegaukelt wird, oft nicht spüren. Putzen macht gar nicht so froh, weiße Wäsche ist kein Lebensinhalt, und auch der Mascara oder der Brotaufstrich versprechen zu viel des Guten. Die heile *Rama*-Familie ist die Übertreibung in der Werbewelt. Nicht die Magie und auch nicht die Verwandlung, weder das Mystische noch das Tiefgründige sind unrealistisch, sondern genau das Glatte, Widerstandlose und Perfekte.

Derzeit versteht die Werbung das mit dem Glücklichsein meist etwas falsch. Sicher brauchen wir in der Werbung wie in den Märchen ein Happy End. Anders als die

Andersen-Märchen lassen die Grimm'schen Märchen auch kaum jemals ein Ende offen. Aber sie vermitteln mit dem glücklichen Ende nur deswegen Zuversicht, weil sie vorher zeigen, was ihm alles entgegensteht. Wo man überall durch muss, wo man täglich kämpfen muss und wo man sich ständig mit dem eigenen Inneren auseinandersetzen muss. Um Glück bis ans Ende der Tage zu vermitteln, muss man auch ein bisschen von dem Unglück zeigen, das uns bewegt. Das aber passt ebenfalls nicht zu den gängigen Werbewirkungstheorien. Negative Ausgangsgefühle könnten, so der Grundgedanke, negativ auf die Marke abfärben. Selbst dann noch, wenn diese ja durch das beworbene Produkt umgewandelt werden in positive Emotionen. Traurige, scheiternde, hässliche Menschen werden vermieden. Auch in der Boulevardpresse wie *Bild der Frau, Frau im Spiegel* und viele andere schalten Marken, die etwas auf sich halten, nur sehr ungern Anzeigen.[78] Obwohl diese Blättchen häufiger als andere Zeitschriften gelesen werden, gilt es als schlecht für das Markenimage hier zu werben. Die Vermutung: die als weniger seriös wahrgenommenen Zeitschriften färben das Markenbild negativ ein. Erstaunlich ist es schon, wie sehr Marken und Werbung sich aus dem wirklichen Leben heraushalten. Aber nicht nur das. Auch Situationen, die nicht perfekt laufen, finden sich eher selten in der Werbung. Eigentlich wird das, was die Werbung und ihre Produkte lösen könnten, nicht gezeigt, sondern bestenfalls das schöne Ergebnis, als hätte es kein Problem gegeben. Den Rest muss man sich denken. Das wäre in etwa so, als würde in den Märchen auch nur das Ende erzählt: Prinz und Prinzessin lebten glücklich bis ans Ende ihrer Tage. Dabei basiert das Glück am Schluss nicht selten auf einem viel weniger netten Gefühl: der Schadenfreude.

Dem Gefühl also, dass alle ihre gerechte Strafe erhalten haben. Aber vor allem auf dem Gefühl, etwas durchgemacht zu haben. Beides ist die Basis dafür, dass es ein glückliches Ende überhaupt geben kann.

Schadenfreude beim unvergesslichen *Rolo*-Elefanten

In unserer Gesellschaft wird nicht nur das Böse geächtet, sondern auch die Freude darüber. Arthur Schopenhauer bezeichnet die Schadenfreude als »teuflisches Gefühl« und »Gelächter der Hölle«. Aber wer freut sich nicht bei Pleiten, Pech und Pannen? Eigentlich ist die Schadenfreude zumeist eine Möglichkeit, das Böse auszuleben, ohne selbst wirklich böse sein zu müssen.

Der Psychologe Manfred Holodynski von der Universität Münster behauptet sogar, dass wir durch das Unglück anderer genauso viel Freude erleben können wie durch ein Geschenk.[79] Diese Freude kann uns darüber hinaus sogar entlasten. Wenn es zum Beispiel einen Überflieger erwischt wie Thomas Middelhoff. Wie beim diebischen Wirt aus dem Märchen *Tischlein deck dich* finden auch im Fall Middelhoff viele, er habe seine Strafe verdient. Aufgrund dieser entlastenden Funktion haben wir in unserer Kultur die Schadenfreude sogar institutionalisiert: vom Hofnarren über das Kabarett bis hin zum Karneval, dessen Ursprung ebenfalls ein schadenfrohes Verspotten der Uniformierten war.

Am Ende eines Märchens freuen wir uns, dass Schneewittchens böse Stiefmutter sich zu Tode tanzen muss oder die Hexe bei *Hänsel und Gretel* verbrannt wird. Das ist auch erleichternd, weil klar ist, dass das Böse vorläufig nicht wieder zurückkommt. Problem gelöst.

Dieses entlastende Prinzip der Schadenfreude macht sich die Werbung ebenfalls nur selten zu Nutze. In einem uralten Schwarz-Weiß-Spot für die Marke *Rolo* wird das Thema Schadenfreude auf lustige Weise aufgegriffen. Ein kleiner Junge im Zoo ruft einen ebenfalls noch jungen Elefanten zu sich, hält ihm ein *Rolo* hin, um es ihm dann vor der Nase wegzuessen. Begleitet vom kindlichen Schadenfreude-Gesang »Nänänänänänäää«. Der Elefant wirkt niedergeschlagen. Jahre später, Junge und Elefant sind erwachsen, treffen beide erneut aufeinander. Den zum Mann gewordenen Sprössling erkennt man am Pullunder, den Elefanten am Umgang mit dem Mann. Er klopft ihm mit dem Rüssel auf die Schulter, klatscht ihm eine Ohrfeige ins Gesicht und trompetet »Nänänänänänäää«. Eigentlich ist *Rolo* zu schade zum Teilen. Gleichzeitig freut man sich über die Bestrafung des jetzt erwachsenen Rotzlöffels, der damals den armen kleinen Elefanten gefoppt hat. Lassen wir hier die müßige Frage nach dem Realismus einmal weg. Natürlich kommen wir heute (damals ging das mit anderen Philosophien der Tierparks noch eher) weder so nah an einen jungen, noch an einen älteren Elefanten heran. Auch wissen wir jetzt um die Gefährlichkeit des Tieres und die Gefahr für das Tier durch gefütterte Süßigkeiten. Das ist aber lediglich die rationale Ebene. Seelisch relevant ist für uns ist die Tatsache, dass ein Junge einem unterlegenen Wesen absichtlich seelisches Leid zufügt – und er es schließlich heimgezahlt bekommt. Erst nach einem Jahrzehnt zwar, aber es ist nicht vergessen oder gar verjährt. Wir haben Spaß daran zu glauben, dass sich gute Taten irgendwann auszahlen und für schlechte irgendwann bezahlt werden muss. Man sieht sich immer zwei Mal im Leben. Oftmals ein Trost, wenn man gekränkt wurde und sich nicht wehren konnte. Rache, auch späte, ist süß. Und sie macht uns am Ende happy. Hier darf sich die Werbung mehr trauen. Natürlich sollte sich nicht die Marke rächen. Aber das Prinzip der Schadenfreude birgt noch viele ungenutzte Möglichkeiten. Sie lässt uns nicht nur am Bösen partizipieren, sondern auch schmunzeln. Und ein kleines Lächeln ist wie ein kleines Stück vom Glück.

Fröhliche Geilheit bei EDEKA

Dass wir die Werbung oft als übertrieben erleben, hat vor allem den Grund, dass uns Belangloses als Besonderes angepriesen wird. Im Supermarkt kann man fast alles kaufen, auch Tiernahrung. Das ist den meisten bekannt. Die Tatsache, eine breite Auswahl an Lebensmitteln, Reinigungs- und Körperpflegeprodukten geboten zu bekommen, überrascht wohl niemanden mehr. Auch dass man mit Waschpulver Wäsche, mit Shampoo die Haare waschen und mit Duschgel duschen kann, ist keine Neuigkeit. Dennoch tut die Werbung manchmal so, als ob dies eine Nachricht wert wäre. Ihr fällt nichts Neues ein, was über die Produkte gesagt werden könnte. Zugegeben, daran ist nicht nur die Werbung schuld. Die Produkte sind einfach oft komplett austauschbar. Und selbst wenn es Unterschiede gäbe: Wie sollte man sich diese bei einer Auswahl von rund 117 verschiedenen Shampoos im Durchschnittssupermarkt merken?

Ähnliches gilt für den Handel selbst. Macht es wirklich einen Unterschied, in welchen Discounter man geht? Lidl, Penny, Netto, Aldi? Wählt man nicht letztlich den, der gerade in der Nähe ist oder den mit den aktuell günstigsten Preisen? REWE und EDEKA versuchen sich in den letzten Jahren stärker als andere Händler auch werblich zu positionieren. EDEKA und »Wir lieben Lebensmittel« war seit 2006 in aller Munde.[80] Die Präzision des Wurstschneidens auf 268 Gramm genau ließ die Menschen schmunzeln. Deutlich wurde nicht nur die Liebe zum Detail, sondern tatsächlich auch die Liebe zum Lebensmittel und zum Kunden. Serviceorientierung und besonders sorgfältiger Umgang mit Lebensmitteln sollten EDEKA von andern Händlern unterscheiden. Und dann kam der »Supergeil«-Spot im Netz. Er gilt als viraler Spot, das heißt, er verbreitet sich wie ein Virus von selbst unter den Menschen. Virale Kampagnen sind derzeit der Traum der Werber. Weil dann das passiert, was eigentlich immer passieren müsste mit guter Werbung: Sie verbreitet sich von selbst.

Der fast dreiminütige Film zeigt Friedrich Liechtenstein, einen nikolausartigen älteren Herrn, der sich in der Künstlerszene tummelt. Er greift Produkte von EDEKA in verschiedensten Zusammenhängen auf, nimmt sie also in die Hand und tituliert sie als »supergeil«. Was auf den ersten Blick aussieht wie ein kompletter Strategiewechsel der Marke, vermittelt letztlich die gleiche Botschaft: EDEKA liebt seine Lebensmittel, jedes einzelne Produkt, und findet sie supergeil. Dabei wird die Anpreisung der Produkte fröhlich übertrieben. Es wird in Milch gebadet, mit Klopapier gekuschelt und mit Batterien getanzt. Eine Persiflage auf die übliche Bewerbung von Produkten. Augenzwinkernd rechnet EDEKA mit klassischer Werbung ab. Gerade durch die fröhlich-glückliche Übertreibung zeigt sich, an den Produkten ist nichts wirklich besonders. Die ebenso bewusst eingestreute scheinbare Sexualisierung – geile Uschi, geile Muschi und die erotisch tanzenden Verkäuferinnen – spielt mit einem weiteren Werbeklischee: Sex sells. Aber die Parodie der Erotik verkauft noch besser. Gerade durch die

Wendung ins Komische wird deutlich: Es ist normale Milch, normaler Fisch, normale Tiefkühlpizza. Es wird gleichzeitig kommuniziert, dass das Besondere von EDEKA eben der liebevolle Umgang mit den Produkten ist. Nicht die Produkte selbst. Die Betrachtung, Befühlung und letztlich Betitelung der Produkte als »supergeil« ist ein Beweisgang für das Statement »Wir lieben Lebensmittel«. Weil ein liebevoller und detailgenauer Blick auf das Produkt geworfen wird, stellt sich das Gefühl, etwas Geiles zu verkaufen, fast von allein ein. Nebenbei wird die Geilheit noch mit der Liebe (zu Lebensmitteln) verknüpft. Mehr Glück kann man eigentlich nicht wollen.

Geld allein macht nicht happy

Im Märchen von *Hans im Glück* kommt es nicht auf das Horten von Reichtümern an. Der Klumpen Gold, den Hans als Lohn für sieben Jahre Dienst erhält, wird ihm schnell zur Last. Hans verschlechtert sich auf den ersten Blick mit jedem weiteren Tauschgeschäft. Das Gold gegen ein Pferd, das Pferd gegen eine Kuh, diese gegen ein Schwein, und schließlich einen Schleifstein für eine Gans. Erst als er sich auch von dieser Last trennt, kehrt er glücklich zurück zu seiner Mutter. Im wahrsten Sinne des Wortes erleichtert. Kaum in einem anderen Märchen werden Belastungen durch Besitzen so deutlich wie hier. Und vielen mag das fremd oder komisch erscheinen. Wieso gibt man freiwillig so viel ab? Passt das in eine Geiz-ist-geil-Kultur? Durch Besitztümer stellen sich aber auch Verkehrungen ein. Man muss sich darum kümmern, sie möglicherweise versichern, darauf aufpassen, sie pflegen. Je mehr man hat, desto mehr Ansprüche stellen die Dinge.

Viele verstehen wahren Luxus entsprechend nicht mehr nur im materiellen Sinne.[81] Zeit und Freiräume werden wichtiger. Nicht ständig unter Leistungsdruck zu stehen und sich einmal frei machen zu können von Terminen. Luxus ist, sich zum Beispiel Unerreichbarkeit leisten zu können. Glück ist heute nicht mehr nur das reine Anhäufen von Statussymbolen.

Mit diesem Grundgefühlt spielt auch die *Fiat-500*-Werbung, die zunächst verkündet: »Du brauchst nicht viel, um glücklich zu sein, wenn Du die einfachen und echten Dinge genießt«. Der *Happy*-Song von Pharrell Williams unterstreicht das Gefühl. Es gibt wichtigeres im Leben als Geld und große Autos. Der *Fiat 500* erscheint nun als die bescheidenere Alternative zum Pool oder Luxusschlitten. Doch der Geist der political correctness wird im weiteren Verlauf kunstvoll konterkariert: »Eines Tages wird Dir klar, was wirklich zählt, ist nicht die Größe Deines Autos, ...«. Jetzt ist der kleine Wagen geparkt – auf einem Kreis, der sich beim Kamerazoom als Hubschrauberlandeplatz an Deck einer gigantischen Luxusyacht entpuppt und man hört »... sondern die Größe Deiner Yacht.«

Statt in typischer »klein, aber oho«-Kleinwagenwerbungs-Manier stecken zu bleiben, inszeniert Fiat hier ein überraschend anderes Gefühl. Happiness à la Fiat heißt zu wissen, worauf es ankommt. Nämlich auf Beides: Glück und Geld. Die Botschaft: Glücklich zu sein ist zentral – steht aber nicht im Widerspruch zu luxuriösem Genuss. Und der potenzielle Fiat-Fahrer weiß: Ich fahre bewusst ein kleines Auto, weil ich Größe zeige – finanziell wie emotional, unterschwellig untermauert durch die *Happy*-Musik. Allzu Fröhliches und Aufgesetztes aber wird nicht vermittelt. Das Grundproblem von Gier, Bescheidenheit, Last und Lust am Besitz wird aufgegriffen und zu einer Lösung geführt, über die geschmunzelt werden kann.

Keine falschen Versprechungen,
sondern das Blaue vom Himmel

Werbung sollte uns glücklich machen. Aber falsche Versprechungen sind dazu nicht der richtige Weg. Wobei das Gegenteil falscher Versprechungen nicht etwa die Realität ist. Die märchenanalogen Prinzipien Magie und Verwandlung, die Faszination des Bösen oder auch die Kraft der Drei sind keine realistischen Abbildungen der Wirklichkeit und helfen dennoch, die Werbung glaubwürdiger und bewegender zu gestalten. Denn sie sind Seelenrealitäten.

Das Produkt darf nicht zu viel versprechen. Ganz schnell wie durch Zauberhand super dünn werden? Ewig jung bleiben? Faltenreduktion um 80 Prozent innerhalb von zwei Wochen? Solche Versprechungen sind es, die die Werbung in Verruf bringen. Man muss ja nur einmal nachrechnen, wann man dann faltenfrei ist, wenn nach 14 Tagen nur noch 20 Prozent der Falten übrig sind. Weniger zu versprechen wäre in der Werbung oft mehr.

Ein gutes Beispiel dafür ist die alte *Du darfst*-Kampagne »Wer ist eigentlich Paul?«. Hier hat *Du darfst* scheinbar fast gar nichts versprochen. Erst recht nicht schnell abzunehmen. Eigentlich hat *Du darfst* noch nicht einmal das Thema Abnehmen beworben. Vielmehr hat die Marke sich als Frauen-Versteherin positioniert. Vor dem *Du darfst*-typischen Spiegel dreht sich eine Frau hin und her. Sie sinniert: »Paul findet meinen Bauch zu dick und meinen Busen zu klein, und meinen Hintern ...?« Die auf dem Sofa sitzende Freundin guckt genervt. Inzwischen geht die zweifelnde

Frau zum Tisch, nimmt sich ein *Du darfst*-Brötchen und meint: »Und ich? Ich find' mich extrem ok.« Die Freundin antwortet mit »Paul ... wer ist eigentlich Paul?«.[82] Egal, wie schlank oder füllig, alt oder jung, die Spiegelszene dekodieren Frauen noch auf andere Weise. Pauls Verhalten ist gar nicht so zentral, darüber mag man sich aufregen oder nicht. Viel wichtiger ist die morgendliche Zweifelssituation vor dem Spiegel. Wenn man sich nur lange genug dreht und wendet, findet man immer etwas auszusetzen. Anders als Männer, die sich nur frontal vor den Spiegel stellen, sich auf den Bauch klopfen und denken »Passt schon!«, versuchen Frauen in diversen Verrenkungen herauszufinden, aus welcher Perspektive andere sie betrachten. Während Männer den Anblick ihres seitlichen Profils vermeiden, der ihren Bauchansatz zu Tage fördern könnte, finden Frauen heraus, wie sie für Männer von hinten aussehen. Frauen sehen im Spiegel ihre seelische Verfassung. Sie kennen die Tage, an denen sie sich ganz gut fühlen. Sie wissen, dass es umgekehrt kein Fünf-Gänge-Menü, keine monatlichen hormonellen Einflüsse braucht, um sich am nächsten Tag unfassbar fett zu fühlen. Es passiert. Einfach so. Unabhängig von der objektiven Schönheit. Alle Frauen zweifeln immer mal aufs Neue an sich. Und später finden sie sich optisch wieder ganz annehmbar. Zwar nicht perfekt oder superschön, aber ganz annehmbar. Das gilt auch für Supermodels (wir haben sie befragt!). *Du darfst* verspricht nicht, die Frauen von den Zweifeln zu erlösen. Die Marke sagt sogar, dass das jeder Frau ab und zu passiert. Aber wenn es soweit ist, dann gibt es *Du darfst*-Produkte. Damit kannst du dich vielleicht ein bisschen schneller selbst wieder aus dem Schlammassel ziehen. Abnehmen? Sowieso kein Thema. *Du darfst* hatte die Ich-zweifle -also-bin-ich-Logik der Frauen verstanden. Und vermittelt: »Das geht auch wieder weg«.

Nachfolgende Versuche von *Du darfst*, den Frauen Souveränität zu vermitteln, scheiterten allesamt. Claims wie »Fuck the diet« fordern rundweg eine Haltung, die Frauen nicht einnehmen können. Eine Marke, die das verspricht, verspricht zu viel. Schade für *Du darfst*. Denn Frauen werden so bleiben, wie sie sind. So zu tun, als könnten Produkte sie souveräner machen, ist gelogen. Das zu versprechen, ist im negativen Sinne übertrieben. Das Beste, was wir erreichen können, ist so bleiben zu wollen, wie wir sind. Und sich somit eben ganz »ok« zu fühlen. Seelisch betrachtet ist das das Blaue vom Himmel. Der beste Teil. Es ist ein echtes Happy End, das kleine Stückchen Blau zwischen dem Grau erkennen zu können – statt so zu tun, als wäre alles himmelblau oder rosarot.

Im Märchen wird am Ende auch nicht viel mehr versprochen. »Und wenn sie nicht gestorben sind, so leben sie noch heute« oder »Sie lebten glücklich und vergnügt bis an ihr Lebensende«. Nicht das ewige Leben und aus seelischer Logik auch nicht das ewige Glück. Der Stachel der Endlichkeit bleibt. Leben und Glück gehen zu Ende. Das Böse und die Konflikte sind zwar im Märchen zu einem glücklichen Abschluss gekommen, aber wir merken schon, dass es am nächsten Tag wieder von vorne losgehen kann. Daher faszinieren uns manchmal einzelne Märchen besonders lang oder werden zu Lieblingsgeschichten. Sie bearbeiten ein für uns wichtiges Problem und zeigen uns, mit etwas Glück, das Stückchen Blau vom Himmel.

Das glückliche Ende in der Werbung zeigt uns ebenfalls, wohin die Reise des Seelischen gehen kann. Ohne zu viel zu versprechen, darf hier auch mit Wünschen und dem Blauen vom Himmel operiert werden. Das ist aber nur ein echtes Blau, wenn die Werbung uns durch das hindurchführt, was unserem Erleben entspricht. Leicht, harmonisch und geglättet ist unser Alltag nämlich nicht, auch mit den beworbenen Produkten nicht. Denn dass der Himmel ein Stück aufreißt, ist vor allem nach Regen ein besonderes Glück.

VII Märchenhaft berührt –
wie Werbung wirklich funktioniert

Gute Werbung ist auch mehr als gutes Story Telling.[83] Berührende Werbung hat immer zwei Ebenen, die miteinander harmonieren müssen. Eine Cover-Story, die nacherzählbar, eingängig und spannend ist. Wie ein Märchen. Und eine Impact-Story, die die wirklich relevanten Themen mitbewegt. Um die Menschen zu berühren, muss die Werbung weniger an sich selbst denken. Sie sollte keine Heldengeschichten ihrer Marken im mythologischen Sinne schreiben und auch nicht behaupten, dass wir mit dem beworbenen Produkt kleine Superhelden werden. Das wäre vielleicht im filmischen Sinne noch eine gute Story, aber für das Umwerben reicht sie nicht aus. Werbung muss zeigen, dass wir eine Chance haben, mit den vielseitigen Anforderungen des Alltags, der inneren Zerrissenheit und den kleinen wie großen Lebensstürmen etwas besser zurechtzukommen. Wie Märchen kann sie helfen, menschliche Regungen, Wünsche und Abgründe nachzufühlen und verschiedene Umgangsformen damit zu finden. Sie muss Wege aufzeigen, wie wir mit immer wiederkehrenden Gefühlszuständen wie Liebe, Trauer, Wut, Eifersucht, Neid, Lust und Gier umgehen können. Sie darf diese Themen

145

nicht verleugnen. Werbung muss sich mit dem »Bösen« und dem Ambivalenten der Emotionen auseinandersetzen. Und uns im Idealfall kurze Momente der Erlösung schenken. Aber sie darf auch nicht versprechen, dass dies alles mit dem beworbenen Produkt kein Problem mehr sein wird. Denn dann übertreibt sie. Mit Verwandlungen und Magischem hingegen spricht sie paradoxerweise seelische Wahrheiten an, die wir brauchen, um uns gemeint zu fühlen. Das funktioniert nicht über den Verstand allein. Auch die verschiedenen Lebensphasen wie Mann- oder Frauwerdung, Elternsein, Altern und Sterben sind existenzielle Themen, die die Werbung als moderne Form des Märchenerzählens bearbeiten muss. Dabei ist es hilfreich, wenn sie zeigt, dass wir manchmal mehrere Anläufe brauchen, um weiterzukommen. Der guten Dinge sind drei. Das verstehen wir symbolisch und fühlen uns verstanden in unseren Versuchen, durchs Leben zu kommen. Wenn wir dann noch einen Reim zum Mitsingen oder -nehmen haben, können wir die emotionale Erkenntnis immer wieder abrufen und in unsere alltäglichen Lebenslösungsversuche integrieren.

Allerdings braucht die kommerzielle Werbung zusätzlich einen Produkt- oder Markenbezug, der ebenfalls über die rein rationale Ebene hinausgeht. Die Motivationen, Produkte zu nutzen, Bier oder Softdrinks zu sich zu nehmen, Schokolade oder Jogurt zu essen, Autos zu kaufen oder zu fahren, Versicherungen abzuschließen, Schuhe zu sammeln, Spiele zu spielen, Putzmittel aufzutragen, sind große und wichtige Forschungsfelder für die Werbung. Werbetreibende müssen die Motivationen für die einzelnen Felder kennen und ansprechen. Davon handelt das nächste Kapitel.[84]

Kapitel 4

Wer mit wem?
Welche Märchenprinzipien eignen sich für welche Produktbereiche?

Aus der Produktperspektive liefern die märchenanalogen Prinzipien wirksame Werbehilfen. Werbetreibende täten gut daran, für bestimmte Produktbereiche spezielle Märchenmittel häufiger zu nutzen. Besser noch wäre es, sie bereits bei der Werbeentwicklung in Erwägung zu ziehen. Dazu ist es umgekehrt wichtig, die grundlegenden Verwendungsmotivationen und Verwendungsverfassungen der jeweiligen Produkte zumindest grob zu kennen. Das ist mehr als irgendein Insight. Insights gelten in der Branche zwar einerseits als wichtig, um mit der Werbung emotional ansprechen zu können. Dennoch wird sich selten wirklich mit dem Innenleben der Menschen befasst. Viele Werbetreibende definieren einfach einen Wunsch, einen banalen Satz oder irgendeine beliebige Emotionalität als Insight, den sie nutzen. »Ich trinke gern Bier« oder »Yes is the new no« für ein Lebensmittel – das sind keine Motivationen, sondern Selbstverständlichkeiten. Manchmal, wie im zweiten Fall, auch Unsinnigkeiten. Nur weil Menschen einem Satz in irgendeiner Onlinebefragung zustimmen, hat man damit noch lange keinen Insight gefunden. In der Morphologischen Psychologie sind Motive immer durch Gegensätze und Widersprüche bestimmt. Obwohl uns das nicht immer bewusst ist, wollen wir nie nur eine Sache. Auch dann, wenn wir gerade nur mit einer Sache beschäftigt sind, was schon selten genug der Fall ist. Immer treibt uns ein komplexes System von unterschiedlichen Regungen um. Beim Biertrinken wollen wir in eine andere, lockere Stimmung kommen und dennoch die Form wahren. Bei der Mode wollen wir das Trendteil, das alle haben, und doch aus der Masse herausragen.

Die Wahl des richtigen (Märchen-)Mittels fällt leichter, wenn man die tieferliegenden Motivationen der Menschen kennt. Eine berührende Werbung gelingt so eher. Ein Blick auf die mit am häufigsten beworbenen Produktkategorien zeigt, wo was besonders gut funktioniert. Oder wer besonders gut zu wem passt.

I Die Bearbeitung des Bösen

Eine der ersten seelischen Grunderfahrungen ist, dass wir auch Tiefgründiges und Unheimliches in uns bergen, woraus Grundkonflikte entstehen: Was mache ich mit den Regungen in mir? Was darf ich, was nicht? Was kann ich abwandeln, was muss ganz weg? Wieso zieht mich das Böse auch an? Ist das richtig? Die Märchen greifen das auf, ohne uns und unsere ersten Neigungen bloßzustellen.[85] Später sind wir uns dieser Emotionen bewusster, wissen, dass alle sie haben und dass wir damit einen Umgang finden müssen. Kaum ein Mensch, der nicht mindestens einmal im Leben jemand anderem die Pest an den Hals gewünscht hätte. Es ist unsere tägliche Herausforderung, abgründige Neigungen zu unterdrücken. Oder aber sie in verdeckter Form und gesellschaftlich anerkannter Weise auszuleben.

Die Faszination des Bösen und ihre Verarbeitung könnte daher in der Werbung häufiger Einsatz finden. Denn sie durchzieht unseren Alltag, unser Fühlen, Handeln und Denken. Vermeintlich sündige Produktbereiche wie Alkohol und Süßes könnten damit arbeiten, oder auch die zahlreichen Putz- und Waschmittelwerbungen. Diese Branche ist prädestiniert für das böse Märchenprinzip. Eine Art Prototyp also, aber nicht das einzige Produktfeld.

Zum Teil finden sich auch in der Werbung für Körperpflegeprodukte Tendenzen, sich von klebrigen und fiesen Tagesresten zu befreien. Wie beim Putzen bearbeiten wir dann äußerlich, was wir innerlich empfinden.

Die Werbung darf uns insgesamt also mehr Angebote machen, wie wir das Böse in und um uns be- und verarbeiten können – mit Produkten, die uns guttun.

Der Kampf gegen den Schmutz

»Alles Leben ist Problemlösen«, sagt der Philosoph Karl Popper – »und Kampf gegen den Schmutz«, ergänzt die Putzfrau Anna Popova. Dass der Schmutz manchmal zum Problem werden kann, ist unbestritten. Allerdings sind wir nicht so empfindlich, wie es uns die Werbung vorgaukelt. Gemeinhin ist das Putzen den meisten eher lästig. Dennoch packt uns manchmal die Wut, und wir putzen los. Denn die Wohnung ist so etwas wie unsere dritte Haut. Ihr Zustand spiegelt oft unsere seelische Verfassung, an ihr können wir ablesen, wie es in uns aussieht: aufgeräumt oder chaotisch, streng oder verspielt, geometrisch oder detailreich. Passt das Äußere nicht zum Inneren, räumen wir auf und um. Oder putzen. Weil der Dreck immer nachrückt und sich unser Seelenzustand ständig wandelt, kann das Ergebnis nie von ewiger Dauer sein. Psychologische Tiefeninterviews zeigen, dass das Putzergebnis zwar relevant, der Prozess des Putzens allerdings noch wichtiger ist. Putzen erleichtert die Seele, es ist eine Bewältigungsform für unterschiedliche innere Konflikte.

Ohnmachtsgefühle können wir zum Beispiel mit dem Putzen in den Griff bekommen. Während des Putzens wird die Kontrolle über den Staub in der Wohnung und das Chaos in unserem Inneren wieder zurückerobert. Und es hilft auch, bei Beziehungs- oder Jobkonflikten reinen Tisch zu machen. Glasscheibenpolieren verhilft zum inneren Durchblick. Grundsätzlich dient das Putzen auch der inneren Bereinigung. Und dazu, das Äußere den inneren Befindlichkeiten anzupassen. Ein Grund, warum es Putzhilfen nur so selten gelingen kann, uns zufriedenzustellen.

In der Werbung für Putz- und Waschmittel sehen wir wenig von den seelischen Reinigungsmotivationen. Stattdessen bestaunen wir ein perfektes Ergebnis. Das hat sich seit Jahrzehnten nicht verändert. Schenkt man den TV-Botschaften Glauben, dann sind saubere Wäsche und kalkfreie Badfliesen für Frauen heute wie vor 50 Jahren eine Lebensaufgabe. Das allein ist schon rückständig genug. Darüber hinaus hat sich aber auch die Struktur von Waschmittelspots selbst seit Jahrzehnten nicht verändert. Für diese gilt in vielen Konzernen eine Art Sauberkeitsbeweis. Wir sehen dreckige Wäsche und schwierige Flecken. Das beworbene Waschmittel wird eingesetzt, danach ist alles sauber. Frauen finden diese Art der Werbung nicht nur langweilig, sie fühlen sich für dumm verkauft. Das äußern sie auch in vielen Befragungen.[86] Dass die Werbung dennoch so bleibt, liegt leider vor allem an ungeeigneten standardisierten Pretest-Verfahren:[87] Eine Werbeidee wird nur weiterverfolgt, wenn sie genau diesen Sauberkeitsproof aufweist. Wird zum Beispiel auch vom Spaß am Dreck oder gar von innerem Unrat erzählt, fällt der Spot durch den Test und wird nicht gesendet. Nicht nur dank ewig gleicher Dauerberieselung wissen wir aber inzwischen wohl alle, wozu man ein Waschmittel benutzt. Vor allem wissen wir: Nach dem Waschen ist die Wäsche sauberer als vorher. Es ist nicht mehr nötig, in jeder Werbung erneut darüber aufzuklären. Vielleicht macht eine fiktive Werbeidee für ein anderes weißes Pulver es deutlicher: »Das ist Zucker, wenn Sie ihn in den Tee oder Kaffee rühren, wird dieser süß!« Spannend ist das nur, solange man keinerlei Erfahrungen mit Zucker gemacht hat. Man dürfte die Menschen ernster nehmen als die Standardtests. Da Werbung ja nicht realistisch sein muss, wie wäre es mit mehr putzenden Männern?

Dann könnte man auch viel mehr von dem, worum es beim Putzen und Saubermachen tatsächlich geht, in den Vordergrund stellen: die Vernichtung des Drecks, der inneren Bösewichte sowie der Lebenskonflikte mit Partnern und im Job. So gesehen hat Popper recht: auch Putzen ist Problemlösen. Und addiert man die Aussage der Putzfrau dazu, ist das schon fast eine Werbeanleitung: Putzen als Kampf gegen das Böse ist echte Problemlösung – auch für Männer.

Monster Hunting und Sympathy for the Devil

Das Verhältnis zur Sauberkeit hat sich in den letzten Jahrzehnten durchaus verändert. Das zu wissen ist wichtig für die Werbung. Denn gerade heute kann sie beim Putzen eine wahre Schlacht gegen das Böse inszenieren. Eine kulturell erlaubte Schlacht. Das war früher anders. Direkt nach dem Krieg wollte man sich eher selbst von der Schuld reinwaschen, und tatsächlich stand das saubere Ergebnis im

Mittelpunkt der Reinemachmotivation. Dann gab es eine Zeit, in der man es mit dem Dreck nicht so genau nahm. Picobello aufgeräumte Wohnungen galten als spießig. Die sexuelle Revolution ließ es lockerer und chaotischer zu – im Inneren wie im Äußeren. Umweltfreundliche Mittel wie *Frosch* reinigten sauber genug. Heutzutage erleben wir den Alltag eher wieder als belastend und schwer. Wir sehen uns außerdem zunehmend durch die Krisen der Welt bedroht. Entsprechend wird auch der Dreck für unsere seelische Verfassung wieder zur Bedrohung. Analog zu Terroristen und IS-Kämpfern hat er sich für uns unsichtbar eingenistet, um uns aufzulauern, zum Beispiel in Form von Hausstaubmilben. Sie gelten nicht nur wegen der inzwischen häufigen Allergien als echte Menschenfeinde. Auf Milben wird heute gezielt Jagd gemacht. Und wer einmal Milben unter dem Mikroskop gesehen hat, kann das sogar verstehen.[88] Staubsaugernamen wie *Dirt Devil* bringen auf den Punkt, worum es heute beim Reinigen geht: den Dreck als teuflisch ansehen und ihm den Kampf ansagen. Staubsauger haben schon deutlich mehr Waffencharakter im Einsatz gegen Spinnen, Wollmäuse und anderes Getier als Lappen oder Wischmopp. Aber auch die Namen der Putzprodukte folgen heute eher dem Vernichtungsprinzip: *Cillit BANG* hat den Abschuss von Bakterien, Milben, Schimmel quasi schon im Namen; eine natürliche Werbeform also. Aber wann erzählt uns die Werbung endlich spannende Geschichten zur Bearbeitung des Bösen? Das Feld von Milben, Staub und Dreck ist eines, wo wir alle gesellschaftlich anerkannt Ballerspiele spielen dürfen. Im Dienste der Sauberkeit. Und als Möglichkeit, uns selbst vom Bösen zu befreien.

II Das Messen der Helden: Autos und Spiele

Das Messen und Vergleichen ist ebenfalls eine Grundbetätigung des Menschen. Schon kleine Kinder vergleichen, was sie haben, oder was sie können. In fast allen Kulturen. Körperkult und Wettkämpfe eignen sich ebenfalls dafür: Fußballweltmeisterschaften, Schulsportwettkämpfe, Theater- oder Ballettaufführungen, Musikwettbewerbe. Aber auch der Vergleich von Spielzeugautos gehört dazu. Die frühen Statussymbole werden freilich immer größer. Bis wir schließlich sagen: »Mein Haus, mein Auto, meine Yacht«. Das Spiel, heute meist auf Computern oder Konsolen, eignet sich ebenfalls in herausragender Weise zum Messen und Vergleichen. Eine besondere Art des Wettkampfes. Daher sind die Produktbereiche Autos und Computerspiele besonders geeignet, um mit modernen Formen der Heldengeschichten Werbemärchen zu erzählen.

Potenz(ial), Automobilität und Unverwundbarkeit

Was sind die Grundmotivationen für einen Autokauf? Neben der Preisfrage geht es vor allem darum, wie gut das gesuchte Auto die Bedürfnisse als Familienauto, Platzwunder, Sportwagen, Statussymbol oder Stadtflitzer befriedigt. Oft wird jahrelang verglichen, kalkuliert, abgewägt. Wie viel verbraucht der Neue? Wie schnell ist er? Wieviel PS sind unter der Haube? Entsprechen die Abgaswerte dem neuen Umweltverständnis? Darüber hinaus geht es auch auf seelischer Ebene um einen Vergleich: Hat mein Kollege einen größeren als ich? Darf man sich heute noch ein unvernünftiges Auto nur so zum Protzen und Spaßhaben gönnen? Muss vielleicht doch auf die Familie oder die Umwelt Rücksicht genommen werden?

Sicher werden die technischen Daten der neuen Auto-modelle bei der Werbung immer wieder thematisiert. Aber ansonsten sehen wir meist ein reibungsloses, glattes Durchgleiten der Wagen durch schöne Landschaften. Dabei ließe sich gerade das Vergleichen und Messen in wunder-baren, modernen Heldengeschichten erzählen. Mit den be-reits erwähnten Codes of Truth: mehr Authentizität, mehr Lebendigkeit und ein übergeordneter, sinnstiftender Kon-text, in dem sich die Helden bewegen.[89]

In der *Smart*-Werbung macht der kleine *Smart*-Held drei Abenteuer durch, um dann in der Stadt zu zeigen, was er kann.[90] Der kleine *Fiat* nimmt das Vergleichen der Status-symbole auf die Schippe und zeigt damit wahre Größe.[91] Die Kleinen dürfen sich ungeniert mit den Großen messen. Was aber ist mit denen? Wie dürfen sie zeigen, was sie drauf haben, und zwar so, dass es uns auch noch Spaß macht zuzuschauen?

Die Grundmotivationen beim Autofahren sind relevant, um verstehen zu können, wie uns die Werbung für Autos stärker berühren könnte. Und sie lassen sich am Beispiel von *SUVs* besonders gut herausstellen. Zum einen ist die-ser Autotyp der wohl erfolgreichste in den letzten Jahren zum anderen ist er das nicht nur bei Männern. Das liegt daran, dass *SUVs* für Frauen ein altes Problem lösen. Frau-en konnten entweder einen typischen, leicht einparkbaren Kleinwagen erwerben – natürlich ohne Einparkhilfe –, oder von *C*- bis *S-Klasse*, *BMW 5er* bis *7er* zu männlichen Statussymbolen greifen. Viele autointeressierte Frauen, die ihre PS auf die Straße bekommen wollten, mochten weder das eine noch das andere. *SUVs* haben die Kategorien ge-sprengt und ermöglichen Frauen leistungsstarke Autos mit Platz und Sicherheit für die Familie, ohne alte Kleinwagen-

und Kombiklischees bedienen zu müssen. Für Frauen um die 40 verkörpern *SUVs* darüber hinaus das Lebensgefühl ihrer Generation. Allradantrieb, Überblick, Sicherheit, Platz, vermeintliche Geländetauglichkeit vermitteln eine Vielzahl von Optionen, und mit ähnlich vielen Optionen sind diese Frauen aufgewachsen. Im Gegensatz zu ihren Müttern konnten sie studieren, Berufe ihrer Wahl ergreifen, alternativ oder zusätzlich Familien gründen. Sie konnten auch beides tun oder eben lassen. Alle Möglichkeiten zu haben, bedeutete aber, mit zunehmendem Alter auch alle Möglichkeiten nutzen zu müssen. *SUVs* sind nicht selten die Auto gewordene Lösung dafür. Allrad ermöglicht »all ways« – eben nicht nur auf der Straße, sondern auch im echten Leben.

Mit einem *SUV* glaubt man, sich gesteigerte Autonomie und Automobilität auch jenseits der Straße (Geländetauglichkeit) einzukaufen. Aber auch die anderen Motivatoren lesen sich wie Zutaten für kleine Heldengeschichten: Aufrüsten für neue Anforderungen im Straßenverkehr (z. B. Schlaglöcher wegstecken), bessere Durchstarte- und Durchsetzungsmöglichkeiten gegenüber Mächtigeren (wie LKWs). Und schließlich die Fantasie von der Unverwundbarkeit (zum Beispiel bei Verkehrsunfällen) durch eine bessere Panzerung. Motive, die sich in abgeschwächter Form auch bei anderen Autos finden. Mit *SUVs* kann man zu seiner Potenz – oder als Frau zu seinem Potenzial – stehen. Wie aber sprechen die Werbetreibenden die seelisch relevanten Motive an? Einige Beispiele:

»Vorsprung durch Technik«, wie Audi seit den 1970er-Jahren claimt, passt zum Auf- und Ausrüstungsthema, das sich mit dem Autofahren ganz allgemein verbinden lässt. Allerdings bewirbt Audi diesen Technikvorsprung meist sehr rational. Die Technikdaten nur zu nennen, packt uns nicht wirklich. Anders als ein alter Audi-Spot, der mit einer kleinen Heldentat den Vorsprung durch Technik nicht nur unter Beweis stellt, sondern uns auch vor Ehrfurcht staunen ließ. Ein Audi fährt eine mit Schnee bedeckte Skisprungschanze hoch: spektakulär und emotional. Der Spot startet mit der dunklen Seite des Winters. Alles ist vereist, zugeschneit, der Sturm heult. Leben und Auto sind erstarrt. Mit dem Start des Wagens erwacht das Leben. Warmes Scheinwerferlicht gibt Hoffnung, den Winter oder gar den Tod überwinden zu können. Denn der Wagen schafft das beinahe Unmögliche. Die Mobilisierung aller Reserven trotzt dem winterlichen (Motor-)Tod. Ebenfalls gelungen: Der Wagen wird nicht zum Superhelden, das letzte und steilste Stück der Skischanze schafft er nicht. Er droht sogar ein Stück zurückzurollen. Aber die Zuversicht, dass es wieder Frühling wird und dass man sich bis dahin aus der kalten Erstarrung befreien kann, ist gegeben. Nur scheinbar handelt es sich lediglich um eine grandiose Technikdarbietung. Tatsächlich wird die Verfassung des Feststeckens, des erstarrten und angstvollen Ausharrens aufgezeigt, die wir grundsätzlich in unserem Leben und vielleicht auch zu bestimmten Jahreszeiten verspüren können.

https://www.youtube.com/watch?v=5ylX-pO5vRw

Diese Verfassung müssen wir immer wieder erneut überwinden und mobil werden. Welch fabelhafte Verknüpfung von Lebensthemen mit der Motivation, Auto zu fahren. Es geht bergauf, autotechnisch wie seelisch. Warum denkt Audi sich nicht öfter solche heldenhaften Technikbeweise aus? Das würde uns vermutlich noch viel mehr aufhorchen lassen.

BMW setzt auf einen anderen Motivator. »Freude am Fahren« bewirbt ebenfalls seit mehreren Jahrzehnten die Automobilität und das Durchstarten-Wollen im Straßenverkehr. Theoretisch. Fahrspaß und die dazugehörigen aggressiveren Seiten des Durchstartens scheinen bei BMW nämlich zum Lippenbekenntnis geworden zu sein. Denn in der Werbung ist davon schon lange nichts mehr zu spüren. Da dürfte sich BMW von Honda etwas abschauen.[92] Hier gelingt es deutlich lustvoller, Familientauglichkeit und Fahrspaß zu verbinden.

Der Wunsch nach Unverwundbarkeit beim Autofahren wird in der Werbung in der Regel mit dem Thema Sicherheit verknüpft. Renault gelang 2007 ein seelisch spannender TV-Spot hierzu – ohne ein einziges Auto zu zeigen. Begleitet von einem französischen Chanson sehen wir zunächst eine Weißwurst, dann ein Stück Sushi einen typischen Crashtest absolvieren.[93] Beide platzen auseinander. Da auch hier aller guten Dinge drei sind, sehen wir zu guter Letzt ein langes Baguette den gleichen Test bestehen. Die mehr als ausreichende, hervorragende Knautschzone französischer Autos wird symbolisch und bildgewaltig unter Beweis gestellt. Gelernt haben die Menschen zu dieser Zeit schnell, dass Renault diesen Test auch in Wirklichkeit als Bester gemeistert hatte. Dass Renault generös genug war, sich nicht nur selbst, sondern alle französischen Autos mit zu bewerben, zeigt, wie fortschrittlich die Werbung war. Ein größerer Kontext als die eigene Egonummer wurde hergestellt – eine ganze Nation durfte stolz sein.

Spiele-Hunger und Seelennahrung

Wissenschaft und Technik allein machen nicht glücklich. Auch in der Werbung nicht. In der modernen Zivilisation stehen wir oftmals vor dem Problem, wie wir wieder in Kontakt treten können zu Mythen und Märchen, die wir brauchen. Die Werbung könnte durch ihr Märchenerzählen dazu eine Möglichkeit bieten. Viel eher als die Werbung tun das aber derzeit Fantasy-Literatur oder PC- und Konsolenspiele. Statt das häufige Computerspielen der Kinder nur zu kritisieren, sollte die seelische Funktion genauer betrachtet werden. Eine Leistungs- und Perfektionsgesellschaft, die versucht, sich von Emotionalem, Märchenanalogem und Tiefgründigem so stark zu befreien wie unsere, muss sich über solche Parallelwelten nicht wundern. Wenn wir erwarten, dass die jungen Menschen Spaß am realen Leben entwickeln, dürfen wir nicht nur auf den Intellekt setzten. Aus psychologischer Sicht brauchen wir alle Geschichten und Märchenbilder, die den Seelenhunger nach Mystischem stillen. Freilich ist das kein Freibrief zum Abtauchen in virtuelle Welten. Die Werbung kann sich von den Spielwelten abschauen, wie das mit den heldenhaften und mythischen Märchenanalogien funktioniert.

Eines der erfolgreichsten Computerspiele ist *World of Warcraft*. *Skyrim*, *Beyond: Two Souls*, *Trine* und das bereits 1998 programmierte *Halo*, inzwischen in Version 4, arbeiten ebenfalls allesamt mit mythischen Bildern. Zum Teil mit kosmologisch angelehnten, wie sie sich auch in der weltbekannten *Star-Wars*-Trilogie findet, zum Teil mit eher irdischen, vorzivilisatorischen Bildern wie bei *World of Warcraft*. Joseph Campbell zeigt in *Die Macht der Mythen*,[94] dass Menschen kulturübergreifend immer wieder diese gleichen

Bilder in ihren Geschichten und Mythen verwenden. Sie sind so etwas wie öffentliche Träume. Hindert man Menschen am Träumen, beispielsweise durch ständige Unterbrechung der REM-Phasen (REM = Rapid Eye Movement, hier wird besonders stark geträumt), werden sie verrückt. Man darf also die Frage stellen, was mit einer Kultur passiert, die keinen Zugang mehr zu den Märchen und Mythen hat. Oder mit einer Kultur, die es nicht schafft, diesen Zugang zum Magischen in die modernen Geschichten der Werbung zu übertragen. Denn auch ansonsten gibt es im Alltag neben den Spielen immer weniger Felder für das Märchenanaloge.

Sieglinde Geisel glaubt in den fantastischen grafischen Bildern der Spiele zumindest den gleichen Zweck wie in den Kathedralen des Mittelalters oder den Pyramiden der Ägypter zu erkennen: Ehrfurcht zu erzeugen.[95] Kirchen vermitteln diese in sogenannten niederschwelligen Gottesdiensten mit Gitarre und Popmusik kaum noch. Spiele wie die genannten hingegen tragen uns scheinbar aus dem Alltag heraus in eine andere Welt. Und neben dem Zugang zu mystischen, märchenanalogen Welten zeigen uns die Spiele auch, wie man heute auf symbolische Weise heldenhafte Qualitäten erwerben kann. Auf jedem Level muss man herausfinden, welche Gesetze gelten, welche Kräfte aktiviert werden und welche Fähigkeiten erlernt werden müssen. Diese Spielheldengeschichten stehen auch hier für die Entwicklungsphasen im Leben. Was kann ich schon, wie reif bin ich, wo geht es hin, was soll aus mir werden? Ein wenig psychologischer betrachtet, beschäftigt man sich in keiner Zeit mehr mit dem Sinn des Lebens als in der Adoleszenz. Ausgerechnet im Spiel können sich die jungen Menschen heute mit übergeordneten, halt- und sinngebenden Fragestellungen auseinandersetzen. Wo bleiben hier die Werbegeschichten? Sie nimmt es wie unsere Kultur auch mit Rationalem, Technik und Wissenschaft zu wichtig. Sie setzt auf die rationale Seite und versucht, nur den Intellekt anzusprechen. Dabei kann sie bei der Sinnsuche eine wunderbare Unterstützung sein. Aber auch bessere Werbung für Konsolen und (Online-)Computerspiele selbst ist möglich. Statt die magischen Bilder und die wunderbaren märchenhaften (Helden-)Geschichten einfach zu erzählen und zu zeigen, wie man mit Spielen Lebensphasen durchlaufen kann, symbolisch Entwicklungen durchlebt und die Suche nach dem Sinn aufnimmt, reduziert sich hier die Werbebranche auf Ego-Shooter-Trailer. Beworben wird bei fast allen Spielen nur das Ballern. Was beim Staubsaugen und Monstermilbenhunting richtig wäre, führt bei Computerspielen zum Generalverdacht, Amok laufende Jugendliche heranzuzüchten. Dabei verzaubern die atemberaubend guten grafischen Bilder; Spiele zu spielen macht nicht zwingend süchtig. In vernünftigem Maß können sie Entwicklungshelfer für Fantasie, Tiefgründiges und Kreativität sein. Jungen Menschen liefern sie zurzeit eine der wenigen verbliebenen Möglichkeiten, überhaupt in Kontakt mit dem lebensnotwendigen Märchenhaften zu treten. Erwachsene würden vielleicht mehr von dem verstehen, was ihre Kinder in der virtuellen Welt suchen, wenn die Werbung weniger egoistisches Ballern und mehr faszinierende wie sinnhafte Zauberwelten in den Mittelpunkt stellen würde. Schade, dass hier das herumliegende Potenzial für die modernen Heldengeschichten von der Werbung nicht genutzt wird.

III Schöpfungswahn und Verwandlungsmagie: Kosmetik und Energie

Für die Produktbereiche Kosmetik und Energie kann die Werbung besonders überzeugend mit dem Prinzip der magischen Verwandlung arbeiten, um die Menschen stärker zu berühren. Diese nehmen heute ihr Schicksal lieber selbst in die Hand, statt sich diesem zu fügen. Selbst der eigene Körper wird immer häufiger zum Schauplatz von Schöpfungsfantasien. Körperliche Grenzen werden nicht mehr akzeptiert, sondern nach Geschmack und Geldbeutel umgestaltet. 70 Prozent der 20- bis 49-Jährigen haben inzwischen eine große Offenheit für schönheitschirurgische Eingriffe mit dem Ziel, Gesicht und Körper nach eigenen Vorstellungen zu modellieren. Würden gesundheitliche Risiken entfallen, läge die Zustimmung noch darüber.[96] Der Markt der operativen Schönheitseingriffe wird weiter stark wachsen. Ein Ende von Botox und Co. ist nicht in Sicht. Kleiner wird hingegen das Verständnis dafür, optisch unter den eigenen, also auch medizinischen Möglichkeiten zu bleiben. An dieser Stelle wenden die Deutschen gern ein, am liebsten wäre es ihnen natürlich. Das Natürlichkeitsideal steht dem Schöpfungswahn scheinbar diametral entgegen. Nude-Look (eine Schminktechnik, die einen wie ungeschminkt aussehen lassen soll) und Naturkosmetik sind ebenfalls in aller Munde. Natur ist allerdings nicht gleich Natur. Denn das, was Frauen als natürlich empfinden, ist nicht das, was sie morgens im Spiegel sehen. Auch Frauen, die sich nicht schminken oder wenige Kosmetika benutzen, versuchen durch die tägliche Pflege ihre wahre Natur erst zum Vorschein zu bringen. Und es dauert einfach unglaublich lange, ganz natürlich auszusehen. Besonders wenn man keine 20 mehr ist. Dann erlebt man, wie weit entfernt die Natur von lieblichen Idealisierungen ist. Natur kann durchaus grausam sein. Und so manch erschreckende (Natur-)Katastrophen kann man gefühlt morgens im Spiegel zu Gesicht bekommen – bevor kosmetische Produkte diese bändigen.

Werbung für Kosmetik muss natürlich die Möglichkeiten zur Verwandlung, zur Neugestaltung und zum Ausschöpfen des eigenen Potenzials aufzeigen. Denn vielleicht war die Sehnsucht, sich selbst nach eigenen Vorstellungen zu verwandeln, niemals größer als heute. Dass es sich immer lohnt, in sein Erscheinungsbild zu investieren, zeigen Märchen wie *Das tapfere Schneiderlein* zum Teil aber besser, als die Werbung das tut. »Sieben auf einen Streich« ist nicht gelogen und doch dick aufgetragen. Märchen zeigen aber auch, wohin Größenwahn bei der Verwandlung führt: In *Die Gänsemagd* zwingt eine Magd die Königstochter zum Kleider- und Pferdetausch, will sich selbst in die Braut und Königin verwandeln. Letztlich zahlt sie dafür mit ihrem Leben. Das gleiche Märchen zeigt auch, wie es ist, wenn man gar keine Verwandlung zulässt und immer so bleiben will, wie man ist. Die wahre Königstochter will nicht erwachsen werden. Sie lässt sich von der bösen Magd zunächst alles wegnehmen und behandeln wie ein unmündiges Kind. Sie möchte lieber klein und unschuldig bleiben als zu heiraten, die falsche Braut zu verraten oder sich zu entwickeln. Und nun wird es komisch mit der Schönheit und der Werbung. Kosmetikwerbung zeigt sowohl, in was man sich alles verwandeln kann, und gleichzeitig, wie man echte Entwicklungen vermeidet. Sie extremisiert den Schöpfungswahn und macht aus jeder Magd ein Topmodel. Gleichzeitig wirken die Frauen immer gleichförmig, erstarrt, puppenhaft und beinahe unlebendig. Investitionen in die Oberfläche sollen helfen, die Spuren der Zeit etwas zu mildern. Die Spuren der Zeit aber gänzlich auszulöschen, bedeutet Erstarrung. Je mehr Verwandlungsperfektion die Kosmetikbranche uns suggeriert, desto weniger können wir uns entfalten. Auch Werbung, die mit scheinbar natürlichen Models arbeitet, suggeriert uns, dass wir Entwicklungen rund um das Älterwerden vermeiden könnten. Was sonst hätte ein 20-jähriges Model auf einem Plakat für Antifaltencremes verloren? Natürlich wollen wir nachhelfen, aufhübschen, ein bisschen pfuschen. Das ist erlaubt. Kosmetikwerbung aber zwingt uns zu viel Aufwand, um in Erstarrungen von Schönheitsidealen zu verharren. Nur wenige versuchen hier, anders vorzugehen. *Doves* Initiative für wahre Schönheit ist vielleicht ein Beispiel dafür, dass die Schönheit des Lebens auch jenseits des Schönseins liegen kann. Erwähnenswert ist auch die japanische Marke *Shiseido*. Ihren durchaus erfolgreichen Weg in Deutschland begann sie ganz ohne Models. Die billige Alternative der reinen Produktabbildung wurde ebenfalls vermieden. Stattdessen sah man mit Lippenstift gezeichnete asiatische Schriftzeichen. Trotz relativer Unbewegtheit war das aus psychologischer Sicht lebendig. Denn die Bilder zeigten schwungvolle Linien, die sich mit einem japanisch-entspannten Wellnessgefühl verbanden. Ohne Schönheit und das Streben danach zu verleugnen, wurde darauf verzichtet, zementierte Ideale und Models zu inszenieren. Vielmehr wurde eine angenehme Verfassung des Schönmachens vermittelt. Hochwertige Produkte für eine glücklichere Ausstrahlung. Das ist auch eine Verwandlung, und was für eine schöne.

Viel unkomplizierter kann man mit Schöpfungsfantasien, Allmacht und Magie im Bereich der Energie umgehen. Stromkonzerne allerdings werben am liebsten mit ihrer Größe und Macht. Die Motivationen der Menschen interessieren sie seltener. Natürlich möchten Menschen eine verlässliche Energieversorgung. Die machtvolle Eigendarstellung der Konzerne kann das Sicherheitsgefühl der Menschen auch durchaus unterstützen. Ganz so unsicher aber, wie die Konzerne es uns oftmals weismachen wollen, ist die Stromversorgung nicht. Auch nicht durch die Energiewende. Interessant ist allerdings, dass ein echter Motivator für die Stromverwendung in der Werbung niemals aufgegriffen wird. Für einen kleinen Moment fühlen die Menschen sich nämlich wirklich allmächtig, wenn sie auf den Lichtschalter drücken und es tatsächlich Licht wird. Das lässt sich zwar rationalisieren. Schließlich macht man das Licht nicht selbst, sondern »der Strom kommt ja aus der Steckdose«.[97] Energie ist aber aus psychologischer Sicht durchaus eine Art Verlängerung eigener Macht- und Wirkfantasien. Sie wird im Alltag weniger den Stromherstellern zugeschrieben als dem eigenen Können. Werbung würde viel emotionaler und bewegender auch in diesem Bereich agieren, bezöge sie die Schöpfungsfantasien der Menschen stärker mit ein.

Auch für die Energiekonzerne wäre das ein kraftvoller Schachzug. Die wunderbaren energetisierenden Werbestories liegen hier jedoch brach.

IV Glücklicher Abschluss: Versicherungen

Wie ein Märchen sollte jede Werbung ein glückliches Ende haben. Aber es gibt Produkte, da geht es schon in der Motivation vor allem um den glücklichen Abschluss. Das ist zum Beispiel bei Versicherungen der Fall. Die Werbung muss hier den oftmals dramatischen Prozess hin zum glücklichen Ende in den Mittelpunkt rücken. Nur auf das Happy End zu fokussieren, reicht nicht. Das glückliche Ende sollte aber eine herausragendere Bedeutung haben.

Über Versicherungen möchten sich die wenigsten im Alltag ständig Gedanken machen. Denn eng an diese geknüpft sind die Gedanken an Unfälle, Schicksalsschläge und eine ungewisse Zukunft. Die ständige Sorge um diese Eventualitäten verdrängen wir normalerweise. Natürlich ist dies keine echte Verdrängung im Freud'schen Sinne, dann könnten wir uns auch willentlich nicht daran erinnern. Aber wir lassen die Gedanken daran, was im Alltag alles passieren könnte, nicht zu. Wir würden auch verrückt, dächten wir bei jedem Spaziergang daran, dass uns ein Blumentopf aus dem dritten Stock auf den Kopf fallen könnte, ein Hund oder gar Kind vors Auto laufen könnte oder wir wegen eines Schlaganfalls plötzlich nicht mehr arbeiten könnten. Versicherungswerbung muss uns diese Möglichkeiten kurzzeitig ins Gedächtnis rufen – und sie dann mit dem Abschluss einer Versicherung sicher unter Verschluss nehmen. »Eine Allianz fürs Leben« zeigte sehr deutlich, wie das funktioniert. Nicht nur, dass in dem Claim ein Bund geschlossen wird, der einer Ehe ähnelt und damit Sicherheit vermittelt. Die Allianz stellt sich auch den möglichen Schicksalsschlägen entgegen, verbündet sich quasi gegen das Schlimme und Schreckliche. Psychologisch verspricht sie, dass man nicht nur mit dem Vertrag zu einem glücklichen Abschluss kommt, sondern es auch im Falle eine Falles ein Happy End für den Versicherten geben wird. Sobald wir eine Versicherung abgeschlossen haben, womöglich aufgrund der Werbung, ignorieren wir unbewusst wieder alles, was mit diesem Thema zu tun hat. Bis zu einem möglichen Unfall ist das dann wirklich ein glücklicher Abschluss. Die DA direkt arbeitet derzeit mit ähnlichen Mitteln. In ihrem Spot sehen wir unterschiedliche Unfall-Szenen, begleitet von dem alten Trio-Song, der uns vermittelt, dass die Versicherung immer für uns da ist. Im Unfall selbst ist der glückliche Abschluss und die Zuversicht schon integriert. Dennoch wird deutlich, was alles passieren kann. Wir müssen schmunzeln ob der zum Teil komischen Bilder. Zum Beispiel über ein Auto, das sich offenbar in der Garageneinfahrt überschlagen hat und nun quer vor dem Tor liegt. Ein Rätsel, wie das überhaupt passieren konnte. Auch wenn das übertrieben ist: Wir stehen oftmals genauso kopfschüttelnd vor so mancher Unfallsituation und fragen uns, wie es dazu kommen konnte, ohne übersinnliche Erklärungen zu bemühen. Auf emotionaler Ebene verstehen wir: Es gibt vieles, mit dem wir niemals rechnen können, besser, wir sind versichert.

 https://www.youtube.com/watch?v=3Cx2MCVuelg

Gerade bei Versicherungen muss die Werbung noch aus einem weiteren Grund einen glücklichen Abschluss versprechen: Versicherungen genießen bei uns einen Misstrauensvorsprung. Während wir den meisten Produkten, wie Schokoriegeln, Waschmitteln oder Autos, zunächst einmal ein Grundvertrauen schenken und von guter Qualität allein schon wegen des Markenabsenders ausgehen, vertrauen wir Versicherern erstmal nicht. Versicherungskonzerne haben daher bei jeder Werbung aufs Neue die Aufgabe, Misstrauen abzubauen. Immer und immer wieder. Sie können gar nicht oft genug sagen, dass sie da sind und uns nicht hängen lassen werden. In jeder Werbung, sei es nun das Anschreiben, der Vertrag oder das, was wir als klassische Werbung verstehen. Mit ihren Werbemitteln müssen sie uns immer wieder aufs Neue vermitteln, dass der Vertragsabschluss mit ihnen wirklich ein glücklicher war.

V Qual der Wahl, das Maß der Dinge und die wahrscheinlich längste Praline der Welt

Die Drei symbolisiert das Wählen, zeigt, wie Entwicklung funktioniert, und eröffnet Möglichkeiten des Prüfens und Maßhaltens. Das eignet sich in der Werbung besonders gut für süße und sündige Produkte. Produkte also, bei denen wir nicht einfach alles gierig in uns hineinschlingen können oder dürfen, sondern ein vernünftiges Maß finden müssen. Und oft die Qual der Wahl zwischen unglaublich vielen Angeboten haben. Bei der Partnerwahl, einer vergleichbaren Form der süßen Sünde, kann die Drei ebenfalls symbolische Bedeutung erlangen.[98] Beim Abwägen, Überlegen und Prüfen gilt es auch hier, genau hinzuschauen. Ganz gleich, ob Männer wie in *Aschenputtel* auf Brautschau sind, oder Frauen wie im *Märchen vom Meerhäschen* Männer auf die Probe stellen. Hier will eine Königstochter nur denjenigen zum Mann, der sich so gut vor ihr verstecken kann, dass sie ihn durch ihre zwölf Fenster nicht auffinden kann. Diese Fenster sind natürlich magisch und durch das zwölfte kann die stolze Prinzessin alles sehen, was sich über oder unter der Erde befindet. Eigentlich will sie gar nicht heiraten, sondern frei und selbstbestimmt sein. Zuletzt kommen drei Brüder, zwei versagen und ihre Köpfe enden auf Pfählen bei den Köpfen der 97 anderen erfolglosen Bewerber. Der dritte erhält aber drei Chancen und ergreift die letzte. Ihm gelingt es, als Meerhäschen (sächsisch für Kaninchen) verzaubert, nicht nur in die königlichen Gemächer vorzudringen, sondern gar unter den Zopf der Prinzessin zu schlüpfen.[99] Bereits das Eindringen in die Gemächer dürfte symbolische Bedeutung haben, das kleine Tierchen unter dem Zopf, der oftmals als Symbol für die Jungfräulichkeit steht, zeigt deutlich, dass hier von Penetration die Rede ist. Erst durch das raffinierte und in drei Anläufen geplante Eindringen in das weibliche Versteck lässt sich die Königstochter davon überzeugen, einen ebenbürtigen Mann gefunden zu haben. Er konnte sie durch diese zumindest symbolische Penetration erobern, weil er es weniger plump als die anderen versucht hat.

Die TV-Werbung von *Duplo* spielt mit einem ähnlich geschickten Einsatz des männlichen Geschlechts, um bei der Partnerin zu landen. Beim Schokoladenverzehr geht es ohnehin schon in der Verzehrmotivation sehr stark um Verschmelzungsfantasien.[100] Wenn dies mit dem Partner nicht möglich ist, so möchte man durch die zerschmelzende Oraldramaturgie zumindest ein autoerotisches Kuschelgefühl herstellen. Viele Schokoladenhersteller inszenieren nahezu erotische Genussanmutungen rund um die Schokolade. Auch die »zarteste Versuchung, seit es Schokolade gibt« spielt auf den zweiten Blick mit der partnerschaftlichen Verschmelzung. Am deutlichsten aber wird die Sexualität wohl in der »wahrscheinlich längsten Praline der Welt« aufgegriffen. Ohne auch nur in Ansätzen eine typisch sexistische Werbung zu sein, geht es hier nicht nur ums Kuscheln. Die Jungs, die um das *Duplo*-Mädchen buhlen, müssen sich beweisen und in der Regel meist drei Prüfungen bestehen. Während der Verlierer sich kaum Mühe gibt und mit seinem *Duplo* recht ungesittet umgeht, zeigt der Gewinner einen maßvollen Stil. Er bändigt seine Gier, umwirbt das Mädchen und darf ihr am Ende seine wahrscheinlich »längste Praline der Welt« präsentieren. Diese steht hier noch klarer als das kleine Meerhäschen für sein Geschlecht. Aber der junge Mann weiß mit der Praline elegant umzugehen. Er zeigt, dass er die junge Dame ebenso entsprechend mit seiner Praline behandeln wird. Wie im richtigen Leben muss er unter Beweis stellen, dass es ihm nicht allein um seine Lust geht, sondern dass er vor allem um das Mädchen wirbt. Pure schmelzende Erotikandeutungen sind aber hier nicht gemeint. Hier handelt es sich nicht um leicht schmelzende Schokolade, sondern um einen länglichen Keks mit gewisser Steifigkeit. Das weist auf das konkretes Ziel, die echte geschlechtliche Vereinigung, hin.

Wie großartig kann Werbung also Partnerwahl und Sexualität inszenieren, ohne dass auch nur ein Zipfel nackter Haut gezeigt werden muss. Sie kann auch auf das Abwägen, Austesten und genaue Hinschauen verweisen. Das ist bei jeder Wahl notwendig, egal ob bei der süßen Sünde oder der sündigen Lust. Durch die prüfende Kraft der Drei wird die daraufhin getroffene Wahl wertvoller. Beim Mann fürs Leben ebenso wie bei der Süßigkeit.

VI Ein Reim ist das beste Rezept

Wir müssen essen und trinken. Da haben wir keine Wahl. Das scheint sich auch die Werbung zu denken. Denn Lebensmittel- und Getränkewerbung glänzt durch Eintönigkeit, Langweile und Mutlosigkeit. Dabei ist das, was wir wie täglich essen und trinken, eine hochkomplexe Angelegenheit. Kaum jemand, insbesondere kaum eine Frau, hat hier in Deutschland ein entspanntes Verhältnis zum Essen. Wir müssen täglich mehrmals eine Lösung finden, die unsere Gier oder Lust mit unserem Wunsch, schlank und gesund zu bleiben, in Einklang bringt. Ein vernünftiges Maß für alles zu finden, ist dabei nicht leicht. Selten sind die Tage, an denen wir das Gefühl haben, uns gut ernährt zu haben, ohne zu verzichten. Hinzu kommen Diskussionen um Massentierhaltung, die die Entscheidung für ein vermeintlich leichtes Putengericht mit Salat erschweren. Die »KZ-Puten« und ähnliche Phänomene sind wie ein Symbol für unsere eigene Gier beim Essen. Sie sind so etwas wie unser externes schlechtes Gewissen.

Werbeclaims und Reime helfen uns, Lösungen zu finden. Sie bieten situative, stimmungsabhängige Vermittlungen an, unsere unterschiedlichen Ansprüche und Wünsche beim Thema Essen zusammenzubringen. Kurze knackige Lösungsangebote für unsere seelischen Dilemmata.

Das beinhaltet viel mehr, als einfach nur Familien am Frühstückstisch, Paare bei der Tiefkühlpizza, junge Männer beim Biertrinken in der Kneipe, attraktive Peergroups beim Sekt auf edlen Feiern, Picknicks mit Käse oder Keksen zu zeigen. Essen wie Trinken verbindet Menschen und führt sie überall auf der Welt zusammen. Liebe geht durch den Magen. Dennoch ist das, was wir verzehren, an verschiedene Stimmungen geknüpft. Selbst auf dem Sofa liegend, hängt es tatsächlich von unserer seelischen Verfassung ab, ob wir zu Chips oder Schokolade greifen. Diese Verfassung ist den Menschen nicht unmittelbar bewusst. Meist antworten sie auf die Frage, warum sie gerade dieses Produkt gegessen oder getrunken haben, einfach damit, dass sie gerade Lust auf Schokolade gehabt hätten. Und eben nicht auf etwas Salziges. Natürlich gibt es auch Typen, die eher auf das eine als auf das andere stehen. Dennoch lässt sich gerade das Lustthema tiefenpsychologisch entschlüsseln. Befragt man die Menschen zu ihrem Tagesverlauf und ihren Erlebnissen unmittelbar vor ihrer Lust auf Schokolade, unterscheiden sich diese erheblich von den Chipssituationen. Beides wird zwar häufig vor dem Fernseher vertilgt, hat aber emotional andere Hintergründe. Zu Chips wird eher dann gegriffen, wenn man unbewusst noch etwas ab- oder verarbeiten muss. Daher ist »Das ist nicht lustig, aber funny« ein toller Claim, der zeigt, wie man das Unangenehme verarbeiten kann, ohne es zu ignorieren und so stressfreier den Tag beenden kann.[101] Er liefert letztlich eine Art Rezept, um mit wiederkehrenden Lebensthemen klarzukommen. Genau das sollte die Aufgabe von allen Claims sein. Sie müssen eine Art Lebensrezept liefern, das zeigt, wie man die komplexen Ansprüche des Essens zusammenbringen oder lösen kann. Gerade im Bereich von Lebensmitteln. Und noch wichtiger im Bereich von »sündigen« Produkten wie Süßem oder Alkoholischem.

Süße und schokoladige Produkte greifen Sehnsüchte nach Verschmelzung und Vereinigung auf. Viele können aber nicht aufhören und finden, einmal in die süße Verführung getaucht, kein Maß. Ähnlich wie auch beim Alkohol ist es eine besondere Herausforderung, der Versuchung zu erliegen und dennoch nicht vollständig die Kontrolle zu verlieren. Manche Menschen trinken nie Alkohol oder verteufeln Zucker. Sie verbieten sich diese Produkte, weil sie ahnen, dass sie über die Stränge schlagen würden. Das tun sie mit ihrer »Selbstkasteiung« allerdings ebenfalls – nur in die ent-

gegengesetzte Richtung. Hier kann Werbung die zwei Seelen in unserer Brust zusammenbringen und mit Claims zeigen, wie Sündiges (Böses) und sozial Erwünschtes gleichzeitig möglich ist. Sie darf sich dabei nicht zu sehr auf eine
Seite schlagen. Nur wenn sie uns spüren lässt, dass sie
auch um die unangenehmen, fiesen, gegenläufigen und an-
dersartigen Tendenzen unseres Seelischen weiß, kann sie
uns Rezepte an die Hand geben. Rezepte zeigen, in welchem
Mischungsverhältnis ein guter Kuchen oder ein anständiges
Gericht herauskommt. Die Geschichten der Werbung erzählen vom Koch- oder Backprozess selbst. Das ist nicht immer
alles schön – wie wir aus vielen Zaubertränken und Hexen-
kesseln wissen. Damit es funktioniert und magische Lö-
sungskräfte hat, muss ausprobiert und so manche Kröte ge-
schluckt werden. Das Ergebnis findet sich idealerweise in
einem Claim oder Reim am Ende der Werbung zum Mitnehmen. »Man nehme« steht bei der Werbung gewissermaßen
am Ende des Backens. Rezepte sind natürlich hier im übertragenen Sinne gemeint. Zwar bietet es sich bei Firmen wie
Dr. Oetker als Nahrungsmittelhersteller quasi an, ganz direkt mit Rezeptorientierung im Claim zu operieren (»Qualität ist das beste Rezept« oder »Man nehme Dr. Oetker«).
Aber im seelischen Sinne handelt es sich hier nicht mal um
Rezepte. Sie sind als Claims zwar in Ordnung, aber eher zu
allgemein und vor allem zu ausschließlich firmenbezogen.
Es werden keine Lösungen für unser ambivalentes Seelenleben aufgezeigt. Bei Getränkefirmen wäre eine wörtliche
Auslegung ohnehin unmöglich. Dennoch sind Claims wie
»*Red Bull* verleiht Flügel« weitaus seelenanaloger. Energy
Drinks werden vor allem eingesetzt, um einen Verfassungs-
wechsel herzustellen: Man ist antriebslos, steckt fest, kommt
beim Lernen, bei der Arbeit oder ganz generell mit einem

Problem oder in seinem Leben nicht recht vorwärts. Was fehlt, ist ein Anstoß, ein Kick, eine Veränderung, ein kleiner Höhenflug. Zumindest aber ein Verfassungswechsel, der einen beflügelt. Mit *Red Bull* gelingt genau das. Anders als beim Drogenkonsum verliert man dabei aber nicht die Kontrolle. Der Realitätsbezug bleibt gewahrt, denn fliegen muss man noch immer mit aller Vernunft, um sanft wieder landen zu können. Die gekonnt inszenierten *Red Bull*-Events rund ums Fliegen zeigen das auch, ob *Red Bull*-Air-Race oder der wohl bekannteste Sprung der Welt von Felix Baumgartner aus der Stratosphäre. Das Sponsoring als Werbemaßnahme unterstützt die beflügelnde Positionierung und den gewünschten Verfassungswechsel für die Menschen.

»Welch ein Tag« (*Diebels Alt*) oder »Manchmal muss es eben *Mumm* sein« (*Mumm Sekt*) sind gute Rezepturen für das Zelebrieren des Besonderen und des beim Alkohol gleichzeitig wichtigen Maßhaltens. Manchmal darf man, aber eben nicht jeden Tag. Das war für die Marke *Diebels* schon fast zu maßvoll. Denn ein Bier nur für besondere Glückstage zu sein, generiert zu wenig Umsatz, um sich langfristig zu behaupten. »Nicht immer, aber immer öfter« von *Clausthaler* zeigt, dass man beim Alkoholfreien öfter zulangen darf. »Immer öfter« sagt außerdem durch die Blume, dass man mit der Zeit auf den Geschmack kommen wird – auf den alkoholfreien. Ein schönes Rezept für eine solche Marke.

Auch wenn sündige Produkte in besonderem Maße nach rezepthaltigen Claims verlangen, eignet sich das Thema Putzen auch hervorragend, um mit einem Reim abgeschlossen zu werden. Rezepte mögen wir hier in Form von Schlachtrufen, mit denen man in den Kampf gegen den Schmutz ziehen kann oder es mit den (Milben-)Monstern und (Woll-)Mäusen des Alltags aufnehmen kann.

Jingles und Claims liefern idealerweise die Lösung im täglichen Kampf mit dem Gierigen, Bösen, Ambivalenten. Wir suchen in ihnen überdauernde, transportable und jederzeit abrufbare Rezepte, die gelungene Lösungen zwischen den gierigen, fiesen, unangenehmen Seiten des eigenen Seelischen und einer gesellschaftlich anerkannten Form liefern. Marken dürfen sie nicht dauernd wechseln. Denn erstens brauchen wir hier eine Sicherheit[102] und zweitens gibt es kaum jemals mehr als eine dieser Lösungen pro Marke oder Produkt. Die gleichen Produkte müssen sich sogar oftmals ein Rezept teilen und um die Vorherrschaft ringen.

VII So klappt's auch mit der Werbung

Der ebenfalls bekannte Claim »So klappt's auch mit dem Nachbarn« von *Calgon* verweist darauf, dass es besonders passende Kombinationen gibt. Und nicht Jeder kann mit Jedem. Das gilt nicht nur für Menschen. Auch in der Werbung kann nicht alles passend gemacht werden. Was für einen Produktbereich funktioniert, ist längst nicht auf andere übertragbar (wie zum Beispiel bei den Chocolatiers von *Lindt*). In den letzten beiden Kapiteln wurde zum einen aufgezeigt, welche Märchenprinzipien für die Werbung lohnenswert sind, um mehr Menschen tiefer und emotionaler zu berühren. Nicht nur für den Verkauf ist das interessant. Die Menschen freuen sich dann auch häufiger über die Werbung. Eine echte Win-Win-Situation. Zum anderen wurden prototypische Produktbereiche mit besonders passenden Märchenprinzipien zusammengeführt. Auch wenn manche Produkte die Hilfe bestimmter Märchenanalogien besonders gut brauchen können, sind sie für andere nicht unnütz. Im Gegenteil. Wenn einem nichts einfällt, um die Werbung lebendig, packend, interessant und berührend zu machen, darf man als erstes einmal in Richtung der Märchenprinzipien denken und überlegen, inwieweit sie zur Grundverwendungsmotivation passen. Diese sollte man natürlich kennen. Denn die Werbung muss unbedingt die Motivation für die jeweiligen Produktbereiche aufgreifen und dafür eine Lösung anbieten. Obwohl theoretisch vielen Werbern bekannt, handelt es sich bei der Ansprache der wirklichen Beweggründe oft nur um Lippenbekenntnisse. Oftmals verdient das, was als Insights tituliert wird, diesen Namen nicht. Meist ist ohnehin nur von Likes und Dislikes oder Aufmerksamkeitsstärke die Rede. Eine ausführliche, tiefenpsychologische und strukturierte Darstellung der Verwendungsmotive für die verschiedenen Produktbereiche gibt es ohnehin noch nicht. Sie würde ein eigenes Buch umfassen. Hier konnten nur einige besonders häufig in der Werbung vorkommende Produktbereiche in ihrer Grundmotivation und im Zusammenhang mit passenden Märchenprinzipien besprochen werden. Diese Motive nur rational anzusprechen, reicht nicht aus. Aus Sicht der tiefenpsychologischen Denkweise stellt dies ohnehin keine Motivansprache dar.

Darüberhinaus muss die Werbung einen weiteren Faktor berücksichtigen: den Zeitgeist. Selbst die Verwendungsmotivationen unterliegen ihm. Neben den immerwährenden Lebensthemen, die in den märchenanalogen Prinzipien aufgegriffen werden können (Kapitel 3) und den produktspezifischen Motivationen (Kapitel 4) muss die Werbung die Themen der jeweiligen Zeit ebenfalls mitbewegen. Davon handelt das nächste Kapitel.[103]

Autos, Computerspiele

Moderne Heldengeschichten

Magie der Verwandlung

Kosmetik, Energie, Food

Putzen, Saugen

Faszination des Bösen

Märchenprinzipien für die Werbung

Happy ohne Ende

Versicherung und Pharma

Food and Beverage

Sich einen Reim machen

Die Kraft der 3

Alkohol, Sündiges, Autos

Kapitel 5

Wertvolle Werbung –
wie aus »Sex, Drugs and Rock'n'Roll«
Facebook, Veganismus und
Helene Fischer wurde

I Die Färbung des (Zeit-)Geistes

Werbung sagt oft mehr über den Zeitgeist und die Lebens-
wirklichkeit der Menschen aus, als es Bücher können. An
ihr erkennt man früh neue Trends und den Wandel der
Werte. Umgekehrt kann Werbung uns nur berühren,
wenn sie auch die wichtigen, zeitgemäßen Themen aufgreift. Die Veränderungen in Kultur und Werbung sind jedoch kein bewusst ablaufender Prozess. Ein sehr zuverlässiges Zeichen für kulturelle Umschwünge sind die Farben.
Wandeln sich die Stimmungen und Verfassungen in unseren Gruppendiskussionen, findet ein einschneidendes kul-
turelles, gesellschaftliches oder politisches Ereignis statt –
wie der 11. September oder die Währungskrise – messen
wir die Farbcodes in der Werbung. Wir zählen über mehrere Wochen aus, welche Farben in den Werbemitteln domi-
nant sind: in Anzeigen, bei Websites, im Hintergrund der
Spots. Bewusst werden diese Colorcodes kaum wahrgenommen. Dennoch sagen uns die Menschen sehr treffsicher, ob
eine Werbung zeitgemäß oder aus der Zeit gefallen ist. Unbewusst dekodieren sie Farb- und Bildsprache. Diese zu
kennen, hilft dabei, die Menschen durch die richtigen Themen auf emotionaler Ebene zu berühren.

Gern wird uns aber von verschiedenen Seiten[104] weisge-
macht, Farben hätten immer die gleiche Bedeutung: Rot
ist die Liebe, Blau ist kühl, Weiß steril, Schwarz die Farbe
der Trauer. Aus psychologischer Sicht ist das falsch. Für
die Werbewahrnehmung sind allgemeingültige Farblehren
irrelevant. Deutung und Erleben von Farben sind abhängig
von Werten und Wertewandel. Farben können symbolisch
die Grundtönung einer Zeit wiedergeben. Und die Colorcodes der Werbung verändern sich mit dem jeweiligen Zeitgeist. Werte- und Farbwandel gehen oft miteinander einher.
Für die wichtigsten Themen der Zeit gibt es neben passenden Farben auch besonders treffende Märchen. Diese beschäftigen sich dann deutlicher als andere mit den Kultur-
und Lebensthemen der jeweiligen Zeit. Wilhelm Salber hat
1993 in seinem Buch *Seelenrevolution*[105] Märchen zentralen
Geschichtsepochen und unterschiedlichen Kulturen zugeordnet. Der Blick konzentriert sich hier aber auf die letzten
beiden Jahrzehnte: Welche Werte sind den Menschen aus
welchen Gründen wichtig? Welche Rolle spielen diese Werte für die Werbung? Und welche Märchen zeigen uns, mit
was wir gerade besonders ringen?[106]

II Von der Individualisierung zum Kontrollzwang

Die Farb(wert)entwicklung wird anhand des folgenden Ver-
laufs deutlich: Der sexuellen Revolution der 68er, die von
alten Tabus, Regeln und Normen befreite, folgte eine enor-
me Individualisierungs- und Profilierungsbewegung in
den 1980er- und 1990er-Jahren. Anfang des neuen Jahrtausends kommen neue Werte rund um Leben, Liebe und Gemeinschaft hinzu. Und seit der Finanz- und Währungskri-

se führt der Wunsch nach Sicherheit und Kontrolle zu massiven neuen Regeln, Reglementierungen und Freiheitsbeschränkungen mit Auswirkungen bis in die heutige Zeit.

Silberner Individualisierungs- und Allmachtstrend der 1990er

»Sex, Drugs and Rock'n'Roll« fand bereits vor den 1990ern – dem Beginn unserer Farbforschung – seinen Höhepunkt. Seitdem steigerte sich die Befreiungs- und Rebellionsbewegung der 1968er über die 70er- und 80er-Jahre hin zu immer extremeren Individualisierungen und Profilierungen. Seit den 1990er-Jahren ging es vor allem darum, sich selbst in den Mittelpunkt zu stellen. Höher, schneller, weiter. Die Hochzeit der Wallstreet, der Yuppies und der Ellenbogengesellschaft. Jeder dachte zumeist an sich selbst, auch Produkte und Marken. Die Farbe der Werbung und vieler Produkte: Silber. *Coca-Cola* versuchte sich an einer silbernen Flasche, und die Farbe des Edelmetalls entwickelte sich zur am häufigsten verkauften Autofarbe. Hochglänzend galt als besonders ästhetisch und hochwertig. Alles war gewollt kühl und distanziert. Die Produkte inszenierten sich wie die Menschen: Ganzkörperaufnahmen (sogenannte Pack- oder Produktshots) als Mittelpunkt der Anzeigen, auf der ansonsten eigentlich nichts außer Silber zu sehen war.[107] Warum dieser Trend hin zur heute noch anhaltenden Individualisierung?

Nach intensiver Rebellion gegenüber den spießigen Werten der 1950er- und 1960er-Jahre wuchsen junge Menschen in einer Zeit auf, in der alles möglich war. Die Tatsache, dass Jungen kurze Haare haben müssen und Mädchen nur mit Puppen spielen dürfen, wurde ebenso wenig akzeptiert wie Sexualität erst nach der Eheschließung. Aufreger waren in dieser Zeit schwer zu finden. Aber wogegen sollte man als junger Mensch eigentlich rebellieren? In einer Welt der unendlichen Möglichkeiten aufzuwachsen, bedeutete, in eine Zeit der Rebellionslosigkeit geworfen zu sein. Denn Rebellionen brauchen Angriffsflächen. Etwas, gegen das man sein kann. Verrückterweise hilft Unverrückbares, sich zu erfahren, zu erleben und zu finden. Ein Gegenüber liefert nicht nur Reibungs- und Rebellionsmöglichkeiten, sondern gibt auch Halt und Orientierung. Selbst dann, wenn man es nicht leiden kann. Ohne Sicherheit, ohne Verbindliches fühlt man sich dem Leben gegenüber hilflos. Wo es nichts Festes gibt, ist Willkür. Und Willkür führt zu Ohnmachtsgefühlen. Dann passierte etwas, das Freud einmal als »Aktiv wiederholen, was einem passiv widerfahren ist«[108] beschrieben hat. Die Menschen drehten den Spieß um. Statt sich weiter ohnmächtig zu fühlen, weil es keine festen (Angriffs-)Punkte mehr gibt, wurde ein Allmachts- und Schöpfungswahn entwickelt. Viele Menschen glauben heute, sich selbst am ehesten finden zu können, wenn sie im Rampenlicht stehen. Der Berufswunsch »Berühmt werden« steht bei über 20 Prozent der jungen Menschen ganz oben auf der Liste. Mehr als 45.000 Bewerbungen gab es bei der letzten Suche nach dem *Supertalent!* Auch die Gestaltung von Körper und Gesicht nach eigenen Vorstellungen unter Zuhilfenahme von Injektionen und Chirurgie gehört zu diesem Trend.[109] Wie im Märchen von *Schneewittchen* strebt ein zunehmender Teil unserer Kultur ständig nach Verbesserung: Sind wir nun endlich die Schönsten und Besten? Wenn der silberne Glanz nicht reicht, geben wir uns gern auch selbst den giftigen Botox-Apfel, um an unser Ziel zu gelangen.

In den 1990ern hatten wir die Welt um uns herum vergessen. Obwohl viele vom »Werteverlust« sprachen, haben die Allermeisten die Spaßgesellschaft genossen. Alles blieb unverbindlich. Auch die Werbung zeigte lieber einzelne Erfolgstypen und schicke Frauen als Gemeinschaften, Liebe und Zusammenhalt. Marken wurden wie Menschen zu Helden. Eine Werbeform, die wir heute nicht mehr mögen.

Selbst die Liebe schien ihren Wert verloren zu haben. Stattdessen gab es Lebensabschnittsgefährten. Das Ende des gemeinsamen Weges war im Wort schon Programm. Es alleine zu schaffen, unabhängig zu sein, war der große Wert jener Zeit. Aber selbst innerhalb dieses Zeitraums scheint wohl ein tieferes Empfinden da gewesen zu sein, dass es noch so etwas wie wahre oder wichtigere Werte geben muss. Wie sonst hätte man ständig von Werteverlust reden können? Die Zwerge und der junge Königssohn repräsentieren in *Schneewittchen* die Sehnsucht nach mehr, nach Liebe und Gemeinschaft und einem verlässlichen Ordnungssystem innerhalb des ständigen Wettbewerbs und der unendlichen Möglichkeiten. Ein Märchen zeigt uns immer zwei Seiten einer Sache. Mindestens. Und wir identifizieren uns nicht mit einer Person, sondern mit dem kompletten Wirkungsgefüge. Wir sind böse Stiefmutter und gutes Schneewittchen, wir geben wie die Zwerge Ratschläge und suchen nach Auswegen. Das komplexe System eines Märchens ist es, das uns fasziniert und das wir für die Bearbeitung der jeweils relevanten Themen auch einer bestimmten Zeit benötigen. Davon kann die Werbung lernen und diese Inhalte aufgreifen.

Nach dem 11. September stellten die Menschen fest, dass sie doch noch andere Werte hatten. Terrorismus zeigt uns, dass wir unser Leben lebenswert finden. Das mulmige Gefühl und die Angst vor Anschlägen ist wieder präsent.

Sehen Menschen nun die silbrig-grauen Plakate oder Anzeigen, erleben sie sie als altmodisch, egozentrisch und einsam. Die Profilierungsweise der damaligen Zeit ist nicht mehr gewünscht. Heute mögen wir es nicht mehr so protzig. Die Farben in Werbung und Gestaltung veränderten sich radikal: Braun und Blau dominieren aktuell. Mutter Erde, das Blau des Himmels – Wärme, Geborgenheit und Leben werden nun mit diesen Farben verbunden.[110] Die generelle Wertschätzung des Lebens findet sich auch gegenüber der Umwelt. Die Bio-Welle findet durch den Wert »Leben« zu Beginn des Jahrtausends ihren Ausgangspunkt.[111]

Ausgerechnet zu einer Zeit, in der uns der Tod vor Augen geführt wird, wird die Liebe wieder relevant. Zumindest die Sehnsucht nach ihr ist messbar gewachsen. Die Egonummer hat ausgedient. Junge Menschen stellen sich sogar vor, sich für die große Liebe aufzusparen. Wie eng Liebe mit Vernichtung und Tod zusammenhängt, wird bei *Rotkäppchen* deutlich. Das Mädchen wird von allen geliebt. Anhand der besonders stark liebenden Großmutter, die nicht mehr weiß, was sie dem Kind noch geben soll, wird das Besitzergreifende und Verschlingende der Liebe deutlich. Nämlich dann, wenn sie sich in den alles verschlingenden Wolf verwandelt. Die Bedeutung der Liebe steigt umgekehrt in krisenhaften oder gar lebensbedrohlichen Zeiten.[112]

Die Themen Leben und Liebe sind immer noch zeitgemäß. Die Werbeclaims zeigen uns das noch oft: EDEKA mit »Wir lieben Lebensmittel«, IKEA mit »Wohnst Du noch, oder lebst Du schon?«, McDonald's mit »Ich liebe es« sind alles Claims, die in dieser Zeit ihren Ausgangspunkt gefunden haben. Aber Claims dieser Art berühren nur, wenn sie ernst gemeint sind und eine Rezeptur für unseren Alltag liefern. Das ist nicht immer der Fall. Thomas Koch schreibt: »Ihr nervt mit all der Liebe«.[113] Der inflationäre Gebrauch der Liebesbeteuerungen ist letztlich wieder zur Selbstbeweihräucherung der Marken geworden. »Wir lieben Autos«, »Wir lieben Schuhe«, »Wir lieben Fliegen«, »Wir lieben Technik« – klingt nach verdammt viel Eigenliebe. Offenbar wurde nicht verstanden, wie die immer noch relevanten Werte richtig zu verstehen und zu kommunizieren sind. Und dass man auch nicht immer wörtlich von Liebe reden muss, um einen liebevollen Umgang mit den Menschen auszustrahlen.

Die weiße Leichtigkeit des Seins

Zwei Jahre lang herrschte in Deutschland eine bis dato unbekannte Unbeschwertheit. Mit der WM 2006 im eigenen Land durchzogen Lebensfreude, Leichtmut und Hoffnung die Haltung der Deutschen. Durch die für alle Welt sichtbare Gastfreundlichkeit erlöste sich Deutschland von den Leiden des jungen Werther und der Schwere der großen Gefühle. In unseren Befragungen war dies in über 25 Jahren so das einzige Mal spürbar. Kritisch, schwermütig, kaum begeisterungsfähig ist die normale Grundhaltung der Deutschen.

In diesem kurzen Zeitraum aber wurde so etwas wie eine berauschende Verliebtheit spürbar. Beim Public Viewing fühlte sich Jeder mit Jedem verbunden. Eine Art Kölner Karneval, der wie ein ansteckendes Virus um sich gegriffen hatte. Das Gefühl eines großartigen Neubeginns nach den Terroranschlägen stellte sich ein. Die Farbe der Werbung und Gestaltung wurde Weiß und ist es in Teilen heute noch. Während sie in den Jahren zuvor auf die Menschen medizinisch-steril wirkte, stand sie nun für Leichtigkeit, Frische und Jungfräulichkeit. Fast immer wurde und wird die weiße Grundgestaltung mit kräftigen Farbtupfern zu einer fröhlich-leichten Gesamtkomposition. Eine generelle Zuversicht in den Farbkompositionen der Werbung, wie sie auch von den Märchen vermittelt wird. Die Leichtigkeit ließ sich als durchgängiges Gefühl nicht lange halten. Aber einmal gelernt, können die Deutschen sich nun häufiger freuen, wenn auch nur ganz selten an der Werbung.

Schwarze Krise: Moralisierungs- und Kontrolltrend

Mit der Finanzkrise kehrte die Ernsthaftigkeit und Schwere auch in die Werbung zurück. Binnen weniger Monate wandelte sich die Farbwelt von Weiß zu Schwarz. Auch diesmal erlebten die Menschen die neuen Codes in den Befragungen als »immer schon so da gewesen«. Ist eine Farbgestaltung zeitgemäß, wird selbst eine radikale Veränderung nicht als störend empfunden. Schwarz wird nicht als hoffnungslos und traurig erlebt, sondern steht vielmehr für Tiefgang und Reduktion auf das Wesentliche. Und das Wesentliche sind Gemeinschaft, Solidarität und Anstand. Gegenüber dem habgierigen und selbstsüchtigen Verhalten von Managern und Bankern werden Forderungen nach Moral und Menschlichkeit laut.

Eng geknüpft an die Gemeinschaftssehnsucht ist der zunehmende Moralisierungs- und Kontrolltrend mit vielfältigen Ausprägungen in unserer Kultur. Rauch- und Werbeverbote sind salonfähig, Lebensmittelkennzeichnungen werden zunehmend präferiert. Da die Menschen an freiwilligen Anstand (der Politiker oder Konzerne) nicht glauben, entwickelt sich zunehmend eine Schwarmmoral, die weitreichende Regeln, Gesetze und Einschränkungen nicht nur akzeptiert, sondern aktiv einfordert.[114]

Das John Stuart Mill Institut misst einen sinkenden Freiheitsindex,[115] insbesondere gegenüber Werten wie Sicherheit und Gemeinschaft. Dabei kann man vielleicht noch verstehen, dass über 80 Prozent harte Drogen, über 70 Prozent das Klonen der Menschen verbieten möchten. 64 Prozent allerdings wollen ganz allgemein auch ungesunde Lebensmittel untersagen. Da kann einem schon mulmig werden. Wollen wir wirklich ohne Schokolade, Chips, Kuchen und Eis leben? Vielleicht mag darauf noch mancher verzichten können. Wie sieht es aber aus mit der beinahe täglichen Portion Fleisch und den sonntäglichen Brötchen? Vom Feierabendbier ganz zu schweigen? Letztlich stellt sich sowieso die Frage, wer legt eigentlich fest, was gesund und ungesund ist? Im Kölner Schokoladenmuseum wird klar, dass Schokolade einst als Medizin galt. Für viele ist sie das sicher immer noch. Regelungen und Normen sind also kultur- und werteabhängig. Renate Künast zum Beispiel war bei der Gründung der Grünen 1990 für die Legalisierung von weichen Drogen. Bei ihrer Bürgermeisterkandidatur 2011 wollte sie dann die Schokoladenwerbung rund um und in Schulgebäuden verbieten. Natürlich sind Politiker oft Fähnchen im Wind, aber eben auch Kinder ihrer Zeit und damit abhängig von sich wandelnden Werten: Kontrolle, Moralisierungen und Reglementierungen statt Freiheit. Die unendlichen Möglichkeiten, die einst hart erkämpft wurden, werden nun freiwillig beschnitten und aufgegeben. Die Akzeptanz der Vorratsdatenspeicherung steigt, um mehr Sicherheit gegenüber Anschlägen zu gewährleisten. Selbst Blasphemie-Gesetze, die jahrelang kaum beachtet wurden, werden nun wieder enger interpretiert. Religions- wie Meinungsfreiheit galten in westlichen Ländern – geprägt durch die Aufklärung – als schützenswert, solange die Rechte Dritter nicht massiv verletzt oder der öffentliche Frieden gestört wurde. Die Mohamed-Karikaturen werden inzwischen sogar im westlichen Justizsystem als Friedensstörung diskutiert.[116] Als Konsequenz müssten dann auch Pressefreiheiten beschränkt werden, um jeder Gefahr aus dem Weg zu gehen.

Diese neue Regulationswut hat auch Einfluss auf die Werbung. Von Menschen als gesund eingestufte Lebensmittel wie Joghurt dürfen nicht mehr so bezeichnet werden. Auch die Werbeverbote rund ums Rauchen sind Reaktionen auf den Wertewandel.

Nicht nur die Intoleranz gegenüber dem Rauchen ist ein Versuch, wieder Rahmen und Ordnungen im Übermaß an Möglichkeiten herzustellen. Gesundheit ist dabei nur die Cover-Story. Gegen das Rauchen zu sein ist eine freiwillige Selbstbeschränkung, die Rahmen, Orientierung und Sicherheit liefern soll. Auf Kosten der Freiheit. Sollte früher das Bewusstsein durch Drogen erweitert werden, möchten nun viele durch Verzicht (zum Beispiel auf Fleisch) Klarheit schaffen.

Mit den Rauchverboten hat die Kultur sich offenbar auch eine Art Märchenverbot erteilt. Sie erzählt zu viele rationale Aufklärungsgeschichten und tut so, als ob sie damit alles kontrollieren könnte. Aus Angst vor der Explosivität, dem Unmoralischen und dem unkontrollierbar Tiefgründigen wird verboten, geregelt und eingeschränkt. Wie im Märchen von *Dornröschen*. Hier verbietet der König nach der Prophezeiung der bösen Fee alle Spindeln im ganzen Land. Seine Tochter soll geschützt werden, sich keinesfalls stechen. Das Märchen zeigt auch: Es hilft nichts. Es lässt sich eben nicht alles kontrollieren. Die Freiheit zu opfern, führt am Ende nur zum Stillstand von allem: Das ganze Schloss schläft mit Dornröschen 100 Jahre lang. Nichts bewegt sich mehr, und dennoch konnte das Schicksal nicht kontrolliert werden. Letztlich ist der Kontrolltrend nur eine andere Form des Schöpfungs- und Allmachtsgedankens. Die Kontrollsehnsucht ist weniger das Resultat einer echten Moral als vielmehr die Sehnsucht nach allumfassender Ordnung und kontrollierter Sicherheit. Das bedeutet nicht nur viel weniger Freiheit, sondern auch weniger Sex, Drugs and Rock'n'Roll.

III Heute: Steigerung der Allmacht durch freiwillige Beschränkung

Im Vergleich zu damals sind heute Facebook, Veganismus und Helene Fischer angesagt. Was haben die Menschen davon? Alle drei Phänomene, so unterschiedlich sie sind, haben ähnliche Funktionen. Wir wollen uns profilieren. Individualisierungssehnsüchte und der Trend zum Schöpfungswahn sind nicht auf dem Höhepunkt der Entwicklung angekommen.[117] Gleichzeitig wollen wir keine Egoisten, sondern soziale Mitglieder der Gesellschaft sein: Gutmenschen statt Yuppies. Neue Werte wie Nachhaltigkeit, Umweltbewusstsein, Solidarität werden eingefordert. Trends – auch gegensätzliche – können also durchaus nebeneinander existieren und sich gegenseitig überlagern. Durch den Kontroll- und Moralisierungszwang versuchen wir, noch mehr in den Griff zu bekommen. Wir fügen uns den Regeln, fordern sie gar verstärkt ein, um damit letztlich unser eigenes Allmachtsgefühl weiter zu steigern. Die Werbung muss beide Anforderungen berücksichtigen. Lernen kann sie dabei von den starken Phänomenen der heutigen Zeit wie Facebook oder dem Veganismus. Und vom Aschenputtel. Hier findet sich auf der einen Seite eine Art Überanpassung in die familiäre Gemeinschaft: Fleißigsein, sich aufopfern, in Sack und Asche gehen. Aus diesem extrem beschränkten Leben aber entstehen großartige Schöpfungsfantasien. Mit Hilfe des Zauberbäumchens des Vaters kann Aschenputtel alles werden. Dreimal wird sie zur Ballprinzessin – jedes Mal mit einem noch schöneren Kleid. Dabei ist auch das Bäumchen eigentlich schon ein Ausdruck der Beschränkung. Sie wünscht sich vom Vater nicht Gold und Diamanten wie die Schwestern, sondern nur einen Zweig. Je mehr wir uns beschränken und uns kontrollieren, desto mehr kann aus uns werden. Einfluss und Macht erhoffen wir uns durch Kontrolle und Beschränkung. Dafür nehmen wir nicht nur allerlei gesetzliche Reglementierungen, wir nehmen sogar freiwillige Kasteiungen in Kauf.

Facebook: Kommunikation zwischen Diktatur und Freiheit

Werbetreibende Unternehmen können vom Phänomen Facebook lernen. Auch dann, wenn sie nicht auf Facebook aktiv sein wollen, beeinflussen die sozialen Medien ihre Werte. Es wird aus dieser neuen Form der Kommunikation kein Zurück mehr geben. Vielleicht wird es andere, vielleicht sogar wichtigere soziale Medien geben. Aber sie werden die bisherigen Beeinflussungsinstanzen wie Kirche und Politik zunehmend ersetzen und sind deshalb wichtig für die Werbung. Die beinahe diktatorische Kontrolle ist der Preis, den wir für die hier stattfinde erregende Individualisierung in der Gemeinschaft zahlen.[118]

Bei Facebook nehmen wir extreme äußere Kontrolle und Überwachung in Kauf – sogar ganz ohne, dass diese unserer vermeintlichen Sicherheit dienen würde, wie etwa bei der Vorratsdatenspeicherung. Facebook ist ein heimlicher Diktator, der Nutzungsbedingungen einfach ändert und offen zum Denunziantentum von Nicknames aufruft. Aber die Sehnsucht nach Gemeinschaft ist so stark, dass das undurchsichtige Regelwerk hingenommen wird. Warum tun wir uns das an? Der Community-Gedanke ist die Cover-Story bei Facebook. Scheinbare Gleichstellung sowie diverse Solidarisierungsmöglichkeiten geben ein gutes Gefühl, das in unsere Zeit und unsere derzeitige Vorstellung von Umworbenwerden passt. Aber es geht immer auch um das persönliche Gesicht(-sbuch), um die Inszenierung von Eigenem. Für seine Individualität möchte man gelikt werden von der Gemeinschaft – von möglichst Vielen. Facebook liefert sogar einen Freiraum für die ständige Steigerung von Individualisierung und Erregung. Dabei wird, wie in *Aschenputtel*, die Selbstinszenierung immer weiter gesteigert. Typische Kommentare zu Selfie-Postings von jungen Mädchen: »Du bist sooo hübsch«, »Allerschönste«, »Germanys next Topmodel«. Die sich immer weiter steigernden positiven Kommentare können süchtig machen. Viele ersetzen ihre realen Erlebnisse inzwischen durch die virtuellen. Kaum eine Party, ein Restaurantbesuch oder Essen, das sich nicht auf Facebook findet. Die Abhängigkeit vom Feedback ersetzt das sinnlich-leibliche Erleben. Facebook als Droge – und Facebook als (Ersatz-)Form von Sexualität. Ein Kommunikationssystem zwischen Anarchie und Diktatur: maximale erregende und sich steigernde Individualisierung innerhalb eines willkürlichen Kontrollsystems. An Facebook, Apple, Google und Co. sieht man, wie weit die Menschen ihre Freiheit beschneiden lassen, um Teil einer Gemeinschaft zu sein – in der sie ihre Individualisierung leben können. Werbung muss diese Gemeinschaftssehnsucht in der Impact-Story aufzeigen. Sie muss klare Regeln und Einordnungen liefern, die zeigen, wie wir uns auf sozial anerkannte Weise profilieren und erregen können. Nur wer sich den Reglementierungen der Gemeinschaft anpasst, hat es verdient, als besonderes Individuum hervorzustechen. Das kann die Werbung zeigen. Sie fällt heute auch auf fruchtbaren Boden, wenn sie wieder sehr viel deutlicher macht, was »richtig« und »falsch« ist. Anders als Facebook könnte sie das aber ohne die Willkür tun – und den Menschen trotzdem helfen, ihre Sehnsucht nach Regeln und Ordnungen zu befriedigen.

Die »Entsalamisierung« der Gesellschaft

Immer mehr junge Leute verzichten auf Fleisch. Die Steigerung davon ist das vegane Leben. Früher eine Randerscheinung, heute schon fast ein Trend. Auch Veganer können sich durch ihren Lebensstil profilieren und Teil einer besonderen Gemeinschaft sein.[119] Mehr noch, durch ihre freiwillige, manchmal beinahe zwanghafte Selbstbeschränkung entstehen Allmachtsfantasien, die zum Schöpfungswahn passen: Der gesunde Ernährungsstil verhilft zu längerem Leben. Man kann (wie mit einer guten Lebensversicherung) dem Tod ein Schnippchen schlagen. Viele Veganer sind stolz auf ihren nach eigenen Wünschen gestalteten Körper – Schöpfungswahn in zeitgemäßer Form. Veganismus kann als eine Art Ersatzreligion angesehen werden. Was man darf und was verboten ist, ist klar geregelt. Die guten (Lebensmittel) ins Töpfchen, die schlechten ins Kröpfchen. Da gibt es wenig Auslegungsspielraum. Tier ist Tier und damit tabu. Ob im Essen oder als Lederprodukt ist dabei gleichgültig. Für die Werbung ein Wertevorbild: Wir suchen nach Ordnung und Konstanz, nach festen, ja strengen Regeln, innerhalb derer wir uns beweisen und unsere Individualisierungswünsche ausleben können. Statt wie früher durch Rebellionen aufzufallen, wollen wir es nun durch Kontrolle. Wie sehr wir uns dabei auch von außen einschränken lassen, dürfte den meisten noch nicht klar sein. Die Werbung könnte auch helfen zu zeigen, wo hier die Grenzen liegen – und klarmachen, dass wir auch dann nicht alles werden oder alles verhindern können, wenn wir uns nur genug anstrengen.

Luft anhalten und durch

Ein allzu bekanntes und erfolgreiches Mitglied der Gemeinschaft ist Helene Fischer. Anders als die »dreckigen« Rock'n'Roll-Bands der früheren Generationen verkörpert sie eher Disziplin und Ordnung – keine Skandale und selbstverständlich keine Drogen. Ein vorbildliches Mitglied der Gemeinschaft. Erotik, die Inszenierung und das Bühnenprogramm lassen sie dann wieder aus der Gemeinschaft herausragen. Das war nicht immer so. Noch vor wenigen Jahren war die Deutschrussin etwas rundlicher und weniger aufreizend. Heute geht es bei Helene um die ständige Steigerung der Erregung. Der Song *Atemlos* besingt eine durchgemachte Nacht – die Gründe sind einigermaßen eindeutig. Dass Helene vielen die Sprache verschlägt, gelingt auch, weil sie sich eigentlich exakt in die (unbewussten) Erwartungen der Gemeinschaft fügt. Sie ist nicht nur als Schlagermusikerin Teil der Nation, sondern auch durch ihr Aussehen. Ein beinahe typisch deutsches Erscheinungsbild – blond, blauäugig und inzwischen auch durchtrainiert – vermittelt ein Gefühl der Vertrautheit und Nähe. Darüber hinaus weckt die kleine, ehemals durchaus aschenputtelige Person Beschützerinstinkte bei Männern. Sie ist als Markenpersönlichkeit selbst eine Werbung für Profilierungsmöglichkeiten in der Gemeinschaft. Sie greift durch ihre Auftritte uns vertraute Bilder auf und paart sie mit erregender, sich steigernder Erotik – ohne es zum Äußersten kommen zu lassen. Denn das Blonde und Unschuldige hat sie ebenfalls noch nicht verloren. Das macht es für viele noch erregender. Und die Betonung, dass es bei der nächtlichen Atemlosigkeit um Liebe geht, räumt Zweifel in Richtung Verruchtheit aus.

Werber können von ihr lernen, wie viel Vertrautes wir brauchen, um uns mitreißen zu lassen. Werbung muss uns zunächst bei der Aschenputtel-Verfassung abholen. Wie oft fühlen wir uns so, wie die frühere Helene? Klein, eher pummelig und schüchtern. Von diesem Gemeinschaftsgefühl aus darf die Individualisierung beginnen – und ein Produkt oder eine Markenpersönlichkeit uns zu Erregungshöhepunkten führen. Solange man diese unschuldigen Seiten der Helene weiter spürt, wird sie das Aschenputtel der Nation bleiben – und bei jedem Auftritt ein erregenderes Ballkleid tragen. Als Werbepsychologe allerdings hätte ich in an dieser Stelle gern drei Wünsche frei: Wieder mehr Sex, Drugs and Rock'n'Roll.

Unsere Kultur steht an einem Scheideweg zwischen Freiheit und Kontrolle. Wir sind jetzt schon bereit, im Dienste der vermeintlichen Sicherheit große Stücke unserer Freiheit zu opfern. Wir glauben sogar, durch die freiwillige Beschneidung noch mehr Macht und Profilierungsmöglichkeiten zu erlangen. Werbung muss die neuen Werte bewegen: Gemeinschaftsgefühle, Liebe und Sicherheit. Aber Werbung kann noch mehr. Sie kann uns berühren, und sie kann unsere Werte mitgestalten. Sie könnte, wenn sie wollte, hier Gutes tun und für die Freiheit mitkämpfen! Sie könnte zeigen, dass Sicherheit und Kontrolle nicht alles ist – und letztlich wie in *Dornröschen* auch zu 100 Jahren Stillstand, Einengung und Unbeweglichkeit führen kann. Oftmals aber interessiert sich die Werbung gar nicht für den kompletten Kulturzusammenhang, wie in den folgenden Bespielen deutlich wird.

IV Denn sie wissen nicht, was sie tun

Manchmal arbeitet die Werbung unbewusst gegen die Werte der aktuellen Kultur. Die Werbetreibenden beobachten nicht immer, was die Menschen wirklich bewegt. Oftmals sind die Werte der Zeit den werbenden Unternehmen nicht einmal bekannt, selten kennen sie ihr eigentliches Erfolgsrezept. Aber noch einmal: Menschen sind nur berührt, wenn die relevanten, kulturellen Themen mitbewegt werden. Allgemeine Lebensthemen wie Erwachsen- oder Älterwerden werden immer relevant sein. Wie sie aber konkret beurteilt werden, das hängt vom Zeitgeist ab. Nicht immer war Älterwerden ein Problem – und erwachsen zu werden war vermutlich schon mal ein größeres. Und nicht immer hatte das Thema Sicherheit, Konstanz und Gemeinschaft den gleichen zentralen Stellenwert. Was passiert eigentlich, wenn Werbung die Werte der Zeit ignoriert?

Der Suizid von *Marlboro* und *Camel*: Don't be a Maybe

Marlboro war jahrzehntelang ein Vorbild für Konstanz in der Werbung. Cowboyromantik sowie der scheinbar kommunizierte Traum von Freiheit und Abenteuer hatten eine Unverwechselbarkeit, die ihresgleichen sucht. Über die tatsächliche Wirkung ihrer Kampagne waren sich die Werbetreibenden nicht bewusst, denn in »Don't be a Maybe« könnte auf den ersten Blick auch eine Menge Freiheit und Abenteuer stecken.

Aber die alte Werbebotschaft war viel weniger oberflächlich, als es auf den ersten Blick scheint. Freiheit und Abenteuer, das war nur die Cover-Story. Nahezu alle Wild-West-Abenteuer endeten mit gezähmten und eingezäunten Kuhherden, einer Tasse Kaffee und einer Zigarette am Lagerfeuer. Ein Symbol für Geborgenheit, Sicherheit und Heimatgefühl. Die eigentliche Markenpositionierung war: In der Wildnis und Unberechenbarkeit des Lebens liefert *Marlboro* Sicherheit und Geborgenheit, denn am Ende ist immer alles gut. Eine Aussage, die gerade in der heutigen Zeit gegenüber den 1990er-Jahren eher noch an Relevanz gewonnen hat. Wenn *Marlboro* Deutschlands Großstädte mit »Don't be a Maybe« plakatiert, dreht sich die Werbeaussage um fast 180 Grad. Die Kampagne will die Menschen wohl zu Entschiedenheit und klaren Positionen auffordern. Mit Maybe wird man es nicht weit bringen. Also entscheide Dich, wenn du jemand sein willst, sonst bist Du kein »Be«. Ein scheinbar mutiger Ansatz in einer Zeit, in der alles relativ und alles möglich ist. Sogar die Festlegung Raucher oder Nicht-Raucher weicht auf. Junge Menschen bekennen sich immer seltener eindeutig zum einen oder anderen. Situationsabhängig ist man Raucher oder nicht – eben »maybe«. Aber mit den Werten ist es etwas anderes. Gerade wenn viel möglich ist, gerade wenn so wenig festgelegt, dann ist man froh um jede Klarheit und Sicherheit. Und: gerade die *Marlboro*-Raucher waren nur nach außen mutige Abenteurer. Tief im Herzen sind sie glückliche Spießer.

Die Kampagne ist außerdem nicht konsistent, denn die Formulierung »Don't be a Maybe« kommuniziert vor allem das Vielleicht. Das Seelische übersieht und überhört Verneinungen gern. Es gilt als Kardinalfehler, einem Selbstmordkandidaten auf dem Dach zuzurufen »Spring nicht!«. Er hört nur das Spring – für die Verneinung hat das Unbewusste keine Entsprechung.

Unbewusst schürt *Marlboro* auch noch die gesellschaftliche Debatte rund um Rauchverbote: Der Spruch fordert dazu auf, dafür oder dagegen zu sein. Toleranz für beide Seiten ist nicht mehr gefragt. Ob den Menschen das gefällt, darf mit einem entschiedenen Vielleicht beantwortet werden.

Sollte man da nicht besser zurückkehren zur alten Cowboyromantik? Damit hat *Marlboro* schon angefangen. Irgendwie scheinen die Verantwortlichen bemerkt zu haben, dass die Kampagne eher für mehr rauchende Köpfe als qualmende Zigaretten sorgt. Die Westernromantik wird nun in Form der Route 66 wieder aufgegriffen. Und das

Maybe wird nun fast immer durchgestrichen. Aber so ganz scheinen sie immer noch nicht verstanden zu haben, warum die Menschen sich nach Ruhe und Geborgenheit sehnen. Und warum der Kaffee am Lagerfeuer ihnen fehlt.

Marlboro folgt mit seiner Suizid-Kampagne dem Vorbild von *Camel*. Denn *Camel* war die eigentliche Marke für Menschen, die ihre Freiheit liebten. Immer unterwegs sein, Abenteuer suchen, sich noch nicht festlegen. Psychologisch betrachtet bedeutet das, noch nicht erwachsen werden zu wollen, weder eine Familie zu gründen noch feste Bindungen einzugehen. Wenn man sie hatte, dann wollte man wenigstens im Herzen frei und kindlich bleiben. Dieses Kindliche im Mann wurde durch die Plüschkamele der Werbung, die den *Camel*-Mann ablösten, perfekt inszeniert. Das Plüschkamel aber war ein Spiegel dessen, was die *Camel*-Raucher zu verbergen suchten. Obwohl alle das Kamel süß fanden, verlor die Marke innerhalb kürzester Zeit einen Großteil ihrer Kunden. Denen schmeckte plötzlich die Zigarette nicht mehr. An der Rezeptur hatte sich de facto nichts geändert. Was nicht mehr schmeckte, war das Image der Kleinkindwelt, die an die Stelle des Geschmacks der großen weiten Welt getreten war. Unbewusstes perfekt in Szene gesetzt – zum Nachteil der Marke.

Media Markt geht mit »Wer will, der kriegt« ähnlich problematische Wege. In einem aktuellen Spot will ein Mann einen neuen Fernseher. Dafür tischt er seiner Ehefrau eine Lügengeschichte auf: »Ich habe mit Eva geschlafen«, flunkert er. Die Ehefrau zertrümmert den Fernseher, er kauft einen neuen und darf ihn täglich nutzen, weil er nun auf dem Sofa schlafen muss. Fremdgehen fürs Fernsehen scheint eine witzige Idee – die aber komplett gegen den Zeitgeist arbeitet. Die eigene Liebe zu verraten für etwas schnödes Materielles hinterlässt ein eher unangenehmes Gefühl. Media Markt will mit seiner Kampagne zu viel – und kriegt dafür wohl auch die Quittung. Letztlich greift hier auch der Spruch »Ich bin doch nicht blöd« wohl kaum noch. Das Verhalten des Mannes ist es nämlich sehr wohl.

 https://www.youtube.com/watch?v=eEHMrir5mmU

V Wie uns die Werbung glücklich macht bis ans Ende unserer Tage

Glück fällt nicht vom Himmel. Die Werbung muss sich in Zukunft ein Herz fassen und mutiger werden. Sie muss sich von rein rationalen Überzeugungsversuchen verabschieden. Denn Berührung geht kaum über den Verstand: Man kann niemanden zu Gefühlen überreden.

Durch die Nutzung märchenanaloger Prinzipien kann die Werbung faszinierender und bewegender werden. Märchenprinzipien zeigen, wie die Werbung heute Geschichten erzählen muss und ihre Funktion als moderner Märchenerzähler wahrnehmen kann. Gute Werbung fragt sich, welche magischen Momente faszinieren könnten. Welche Verwandlungen und Entwicklungen sollte das Produkt ansprechen? Welche Symbole und Inszenierungen könnte es dafür geben (Tiere, menschliche Verwandlungen, fantastische Verfassungswechsel)? Wo liegt die Faszination des Bösen, und wie kann das Produkt vom Bösen erlösen, ohne die inneren Konflikte und Lebensthemen zu verleugnen? Wie kann man die Kraft der magischen Drei dabei nutzen? Welche Wiederholungen, Wahloptionen, Übungs-, Lern- und Entwicklungsmöglichkeiten lassen sich aufzeigen? Wo können die Menschen sich wie kleine Helden fühlen, wenn sie das Produkt benutzen? (Und nicht, wo ist das Produkt der Held!) Wie und auf welche Weise können sie selbst damit in Entwicklung geraten, Fähigkeiten erwerben, Absicherungen erhalten oder Eindruck machen? Was haben die Menschen davon, wenn sie sich für eine bestimmte Marke und nicht für eine andere entscheiden? Wie lässt sich das alles in eine spannende Geschichte bringen, die die Lebensthemen und inneren Konflikte aufgreift und zu einem Happy End bringt? Welche Formel und Rezeptur kann man für den Alltag in Form von reimend-rhythmischen Claims finden? Das alles lässt sich allein aus den wenigen hier dargestellten Märchenprinzipien als Anregungen für die Werbung finden.

Aber auch die Verwendungsmotivationen bestimmter Produktbereiche können durch die Märchenprinzipien besser angesprochen werden; hier gibt es sogar besonders passende Kombinationen: Schönheit ist Verwandlung und Magie, Süßes ist faszinierend Böses, mit Autos kann man sich messen und lernen, dass es sich lohnt, smart statt nur groß zu sein. Für Alkoholisches wollen wir ein vernünftiges Maß finden – mit der Kraft der magischen Drei geht das leichter. Bei Lebensmitteln hätten wir gern ein Rezept zum Mitnehmen – am liebsten gereimt und vertont.

Und da aller guten Dinge drei sind, muss die Werbung auch den Zeitgeist berücksichtigen. Die Verwendungsmotive ändern sich mit den jeweiligen Werten der Kultur. Und ob Werbung Individualsierungen anspricht oder eher auf Gemeinschaft, Liebe und Solidarisierung der heutigen Zeit setzt, macht einen riesigen Unterschied.

Wenn die Werbung ihrer Bedeutung als moderner Märchenerzähler mehr Gewicht verleihen und eine echte Wirkung auf die Menschen haben will, dann kennt sie alle diese Faktoren und schreibt entsprechende Geschichten.

Dazu könnte dann auch zählen, unsere Werte im positiven Sinne zu beeinflussen – und unsre Freiheit nicht komplett dem Kontroll- und Moralisierungstrend zu opfern. ·

Kapitel 6

Lust auf Mär?

Am Ende eines Buches gibt es immer noch Übriggebliebenes, Ideen und Fragen, mit denen sich auch noch beschäftigt werden könnte. Dieses Kapitel enthält typische Werbeklischees, die sich bei vielen Menschen, aber auch in der Profibranche immer wiederfinden. Zum Beispiel, dass die Werbung lustiger sein sollte. Oder dass Sex immer gut verkauft. Außerdem sollte Werbung aus Sicht der Werbetreibenden zwingend sympathisch sein. Viele Unternehmen glauben auch nicht (mehr) an die Wirkung von Anzeigen oder Plakaten, erklären Print gar für tot. Sie haben eine ganze Unternehmensphilosophie darauf ausgerichtet, unbedingt und ausschließlich TV-Werbung oder eben neuerdings auch Online-Werbung zu schalten. Und dann gibt es noch ständige, schon in die Allgemeinbevölkerung vorgedrungene Diskussionen um die Zielgruppen. So jung (manchmal auch schön und vermögend) wie möglich ist hier das Maß aller Dinge. Für den eiligen Leser, der nur an solchen Themen interessiert ist, hier also eine kleine, naturgemäß unvollständige Sammlung wichtiger Auseinandersetzungspunkte innerhalb der Branche.

Jüngere Zielgruppen – der Traum von der ewigen Jungend

»Wir möchten gerne jünger werden, unsere Zielgruppe ist zu alt.« Ein Satz, den man bei nahezu jedem Kundenbriefing hört. Würde das tatsächlich bei jedem Unternehmen umgesetzt, prügeln sich in ein paar Jahren alle um einige wenige junge Menschen. Denn die Alterspyramide – gerade in Deutschland – gibt das nicht mehr her. Das Geld ist ohnehin älter. Und dass die Menschen ab 50 Jahren die Marke nicht mehr wechseln oder gar nicht mehr beeinflussbar wären, ist schlicht Unsinn. 50-Jährige werden gern in einen Topf mit den Hochbetagten geworfen. Dabei sind sie de facto altersmäßig genauso nah an den 20- wie an den 80-Jährigen – haben also auch ähnlich viele Gemeinsamkeiten.

Wenn es um neue Werbeideen geht, werden die Menschen ab 50 eigentlich nicht mehr befragt. Das ist (ebenfalls) eine freiwillige Selbstbeschränkung, die sich in den Unternehmen findet. Dabei schwingen gleichzeitig Allmachtsfantasien mit: Am liebsten einen Typ Mann oder Frau finden, der alle Menschen gleichermaßen anspricht, mit dem sich viele identifizieren können. Das ist eine Herausforderung. Einfache Antworten sind gewünscht. Definition von Alter, Haarfarbe, Figur, Kleidungsstil, Familienstand gelten als Patentrezept. Allein, Frauen- oder Männertypen, die allen gefallen sollen, gefallen meist niemandem. Allzu gewollt junge, schöne Menschen sprechen auch die Jugendlichen nicht an – sie erleben das als Anbiederung. Und die Durchschnittsbevölkerung im Durchschnittsalter bleibt ebenfalls meist außen vor. Dabei mögen Menschen Werbung gar nicht aufgrund eines bestimmten Typus. Sie lehnen sie in Wahrheit deswegen auch selten ab. Wir wollen auch nur selten wirklich sein wie jemand in der Werbung. Und die wenigsten glauben, dass man durch den Gebrauch eines Produktes tatsächlich so schön oder lässig wird wie das Model in der entsprechenden Werbung. Wenn sich wirklich über jemanden aufgeregt wird, dann liegt es selten am Style, der Figur oder der Haarfarbe. Meist ist der Grund eine verfehlte Impact-Story.

Frauen, Männer und andere Menschen rücken nur in den Mittelpunkt der positiven wie negativen Kritik, wenn uns der Rest der Werbung nicht wirklich berührt. Wenn die Verwendungsmotive nicht angesprochen sind, die Lebensthemen nicht auf märchenhafte Weise mitbewegt werden oder die vermittelten Werte out of time sind. Bei berührender Werbung können wir uns an das Aussehen der Menschen oft gar nicht mehr so ganz genau erinnern. Wenn uns Werbung gefällt, finden wir uns häufig in der Situation oder in der Stimmung wieder. Wir suchen keine Identifikationsfigur, wir suchen Identifikationssituationen. Gefühle und Verfassungen, die wir nachempfinden können, sprechen uns an. Zum Beispiel können wir so etwas wie Sehnsucht oder Heimweh nach den Lieben nachvollziehen, wenn wir unterwegs sind. Um die Bindungen nicht abbrechen zu lassen, nutzen wir unsere Mobiltelefone. Diese Verfassung wurde sehr treffend in einem T-Mobile-Spot aufgegriffen.[120] Hier sehen wir eine Frau, die mit dem Auto in ländlicher Umgebung unterwegs ist und per Handy einem Lied lauscht. Autofahrer verstehen schnell die Produktbotschaft, nämlich dass mit diesem Provider der Empfang auch auf dem Land und im Auto gut ist. Nervige Unterbrechungen der Verbindung sind gerade in dieser Situation allen bekannt. Die Impact-Story liefert mehr: Die Verbindung zum Liebsten reißt ebenfalls nicht ab. Das Thema Liebe wird als großer Wert auf berührende Weise mitbewegt. Das Handy wird zur verbindenden Nabelschnur mit den Daheimgebliebenen. Als sie ankommt, spielt ihr Partner ihr auf der Gitarre einen Liebessong vor, dem sie auf dem Handy lauscht. Die zentrale Verfassung des Telefonierens unterwegs mit den Liebsten ist getroffen. Die befragten Menschen sind berührt von der Situation. Und die agierenden Typen finden wir sympathisch, ohne dass wir detailliert wahrnehmen, welche Haarfarbe sie hatten. Auch Märchen halten sich bei der Typaussage sehr zurück. Allgemeine Namen wie Hänsel und Gretel oder gar Zustandsbeschreibungen, wie in Asche gehen, sich klein und hässlich fühlen, verweisen darauf, dass niemand Bestimmter gemeint ist, sondern es um ein Grundproblem oder eine allgemein bekannte Situation geht. Namen, die ja auch erste Charakterbeschreibungen sind, werden meist sogar ganz vermieden, stattdessen gibt es namenlose Brüder, Schwestern, Könige, Stiefmütter oder Prinzessinnen. Der Blick soll weg vom Charakter hin zum Wesentlichen der Lebensaussage gelenkt werden. Die Werbung kann auch davon lernen und statt über Zielgruppen mehr über Zielverfassungen nachdenken. Dabei helfen die Märchen und die Motivationsanalysen der tiefenpsychologischen Forschung.

Print wirkt: Bewegende Plakate statt laufender Bilder

Viele Unternehmen nutzen kaum noch Plakate oder Anzeigen. Sie denken nur an Social Media oder das Fernsehen. Erstaunlich. Bringen stehende Bilder doch einen Ruhepol, Konstanz und Sicherheit in unser hektisches Leben. Gerade wenn man sich differenzieren will, weniger monitäre Mittel zur Verfügung hat oder einen aufwendigen Film scheut. Nicht selten sagt ein Bild mehr als tausend Worte. Das zeigte schon die erfolgreiche *Dove*-Kampagne. Hier hat sich das Bild der normalgewichtigen Frauen in Unterwäsche in die Köpfe und die Herzen gebrannt. Ja, es gab auch einen Film dazu. An den allerdings erinnert sich keiner. Die

Schuh-Kampagne von *Tamaris* ist ein weiteres Beispiel dafür, wie bewegend Plakate sein können. Diese spielen gekonnt mit einer Doppelfunktion: Stabilität und Bewegungsmöglichkeiten zugleich. Die Plakate zeigen immer einfach nur einen Schuh – hochkant. Damit kann sich keine Frau fortbewegen. Hierdurch vermittelt die Kampagne Verweilen und Bleiben. Ein Thema, das gesellschaftlich außerordentlich relevant ist.[121] Und da Schuhwahl und Partnerwahl tiefenpsychologisch zusammenhängen,[122] wird auch ein wirksames lebensrelevantes Thema angesprochen. Denn Frauen in Partnerschaften, die sich häufiger mal ein Paar Schuhe gönnen, bleiben länger und lieber bei ihrem Partner. Schuhkauf stabilisiert die Beziehung. Stabilität wird letztlich auch durch die für Werbekampagnen vergleichsweise hohe Kontinuität der Plakate gefördert. Allerdings wären die Werbemotive nicht so wirksam, gäbe es nur diese eine, statische Botschaft. Der *Tamaris*-Schuhanhänger bewegt sich scheinbar jeden Moment. Er ist so positioniert, dass er wahrnehmungspsychologisch jeden Moment nach unten baumeln müsste. Das ist die Bewegungsfreiheit innerhalb der Kontinuität, Stabilität und Sicherheit. Quasi »Gehen um zu bleiben« – beim Partner. Durch die wackelige Aufstellung des Schuhs wird darüber hinaus deutlich, wie viel wir für eine stabile Konstruktion in unserem Leben tun müssen. Stabilität ist nicht ein für alle Mal vorhanden, sie muss immer wieder ausbalanciert werden wie der Schuh in seiner hochgestellten Position.

Diese Bewegungsmöglichkeiten innerhalb einer Partnerschaft sollten, wie im Märchen *Aschenputtel*, aus psychologischer Sicht nicht abgeschnitten werden. Männern sei hier große Toleranz gegenüber den Schuhshopping-Phasen ihrer Partnerinnen empfohlen. Es ist in ihrem Sinne. Denn tatsächlich sind diese Weggefährten oftmals Garant für die Stabilisierung schmerzfreier, unblutiger und damit auch langer gemeinsamer Wege. Werbetreibende sollten öfter einmal hinschauen, ob da nicht mehr Bewegung in so manchem Plakat ist, als man ahnt. Gute Plakat- beziehungsweise Anzeigenkampagnen können manchmal mehr bewegen als laufende Bilder. Insbesondere dann, wenn das Budget klein ist, ist weniger mehr.

»Nehmt den Onlinern die Werbung weg«

Es ist schon fast ein Anachronismus, ein Buch über Werbung zu schreiben, das den Schwerpunkt nicht auf Online und Social Media legt. Aus psychologischer Sicht ist diese Gewichtung aber nicht zwingend nötig. Nicht, weil Online-Werbung für die Werbebranche keine Relevanz hätte. Im Gegenteil. Die Etats werden zunehmend dorthin verlagert. Aber das scheinbar Neue ist gar nicht so anders. Werbung findet überall statt, und sie muss, um uns zu berühren, immer die gleichen Regeln befolgen. Und es darf nicht nur ums Verkaufen gehen. Oder ums große Geld, das gerade vor allem im Social-Media-Bereich gewittert wird. Aber schon jetzt zeigt sich, dass auch bei der Online-Werbung gilt: 50 Prozent der Werbemitteletats sind rausgeworfenes Geld. Man weiß nur nicht, welche Hälfte wirkt. Dabei wäre es eigentlich nicht so schwer.

Und dann werden im Netz die gleichen nervtötenden Fehler gemacht wie in der klassischen Werbung. Solange wir ungewollt mit immer gleichen Nachrichten penetriert werden, immer und immer wieder die gleichen gesponserten Werbebanner aufleuchten, so lange verdient die Online-Werbung eigentlich noch nicht einmal ein eigenes Buch.

Man kann sich vorbehaltlos der Meinung von Thomas Koch anschließen: »Nehmt den Onlinern die Werbung weg«, postulierte er in seiner *Werbesprech*-Kolumne der Zeitschrift *Werben und Verkaufen*.[123] Er hat Recht: Denn was Hänschen nicht lernt, lernt Hans nimmermehr. Die Online-Werbung ist durchzogen von altbekannten Fehlern und versucht sich teilweise gar in heimlichen Manipulationen durch das Rückverfolgen und Speichern von Userdaten. Auch Schneeballsysteme werden angewendet, um Kontaktdaten zu sammeln. Hier soll man fürs Posten Geld bekommen und neue Mitglieder werben, für die man dann auch bezahlt wird. Ein Versuch, durch eine spezielle Form des Seedings[124] virale Kampagnen herzustellen.

Überhaupt sind virale Kampagnen derzeit der Traum der Werber: Sie verbreiten sich im Netz ohne weiteres Zutun und werden freiwillig geteilt. Interessant aber ist das Selbstverständnis der Werber, solche Aktionen als »viral« zu bezeichnen. Sie verstärken damit gewollt oder ungewollt das Klischee, Werbung sei per se etwas, das uns aufgezwungen oder untergejubelt werden müsse. Dabei wollen wir berührt werden durch Umwerbungen, immer und überall. Denn Berührungen schmeicheln der Seele. Nur leider handelt es sich bei dem, was als Werbung bezeichnet wird, nur allzu selten um echte Umwerbungen. Und dann mutet es fast wie eine Überraschung an, wenn echte Werbung von allein und ohne Druck funktioniert. Dabei ist sie Bestandteil unseres täglichen vollkommen freiwilligen Tuns. So leiten wir auch berührende Videos weiter, weil wir damit etwas über uns sagen möchten, wie etwa den Film *First Kiss* »We asked 20 strangers to kiss for the first time«. Über 97 Millionen Menschen haben aus eigenem Antrieb geklickt. Denn das Video zeigt liebevoll die peinlich-angenehmen Momente vor dem ersten Kuss, die fast jeder schon erlebt hat. Es spielt auch auf die intime Nähe danach an. Die werbende Modemarke bleibt – gekonnt – im Hintergrund. Aber beim zweiten und dritten Mal Anschauen beginnt man auf die Kleidung zu achten, will die Marke kennenlernen oder gar kaufen. Die Zurückhaltung der Marke schafft Nachhaltigkeit. Gerade durch die Auseinandersetzung mit ihr auf den zweiten Blick nach dem ersten Kuss.

https://www.youtube.com/watch?v=IpbDHxCV29A

Jenseits solcher echter Viren ist die Online-Werbung meist nicht verfassungsgemäß. Rechtlich schon. Aber seelisch eben nicht. Wenn wir im Netz sind, dann sind wir in einer anderen Verfassung, als wenn wir im Auto sitzen, Radio hören, in einer Zeitschrift blättern oder Fernsehen schauen. Die spezielle Online-Verfassung hat mit dem Spüren von unendlichen Möglichkeiten zu tun, dem Wühlen in Kuriositäten und Fundstücken, dem Gefühl, Teil einer Gemeinschaft zu sein und dennoch ein besonderes Individuum, das entscheidet, was es tut und lässt. Wir hängen in dieser Verfassung an einem seidenen Faden, an dem wir uns durch das Netz hangeln und nach Erregendem und Berührendem suchen. Werbung muss uns hier eine besondere Form der Erregung liefern. Sie darf mutiger sein, aufregender und frecher – aber nicht nervender! Und sie darf getrost alles anders machen als die meiste klassische Werbung – denn die berührt nur in den seltensten Fällen.

Sympathisch, praktisch, gut?

Fast alle Werbewirkungstheorien gehen davon aus, dass Werbung sympathisch sein muss und Sympathie das Herzstück einer Kaufentscheidung ist. Wird eine Werbung nicht als sympathisch wahrgenommen, hat sie so gut wie keine Chance, durch die Tests zu kommen. Das ist praktisch. Und man hält die Werbung gern für gut, weil man sich dann keine weiteren Gedanken mehr über die tatsächliche Wirkung machen muss. Dabei ist Sympathie nur ein mögliches großes überzeugendes Gefühl. Und es ist nicht das alleinige Gegenteil von nerven. Nerven freilich darf die Werbung nicht. Weder offline noch online. Das stellte auch kürzlich Thomas Koch heraus in seiner Kolumne *Nehmt den Onlinern die Werbung weg*. Er kritisiert hier vollkommen zu Recht die Auffassung, dass Online-Banner nerven müssten.[125] Wie jede Werbung muss auch diese uns berühren und bewegen. Dabei ist Sympathie jedoch kein Allheilmittel. Vielmehr müssen menschliche Regungen, Ambivalenzen und Widersprüchlichkeiten angesprochen werden. Lebensthemen, Verwendungsverfassungen sowie gesellschaftlich relevanter Zeitgeist müssen berücksichtigt werden. Starke Gefühle wie Liebe, Wut, Trauer, Konflikte, Unheimliches, Faszinierendes, Heimweh können dabei überzeugen. Mit etwas Glück wird diese Werbung dann sogar als sympathisch wahrgenommen. Allerdings gibt es auch großartige, bewegende Werbung, die es nicht zu einer sympathischen Conclusio schafft, uns aber trotzdem tief bewegt. Unsere tiefenpsychologischen Studien zeigen das immer wieder.[126] Nur manchmal traut sich ein Marketingverantwortlicher, gegen einschlägige quantitative Sympathiemessungen zu handeln. Denn diese zeigen oft nur ein allzu harmonisches, glattgebügeltes Werbebild – ohne Tiefe und ohne Berührungspunkte. Wie langweilig sind oft auch Begegnungen, die wir auf den ersten Blick als sympathisch beschreiben. Wir vergessen sie schnell. Interessant wird es, wenn wir uns auseinandersetzen müssen und wollen. Das kann sympathisch sein, muss es aber nicht. Falsch verstandene harmonisierende Werbung kann im Gegenteil ziemlich schnell selbst zum Nervfaktor werden.

Sex sells?

»Sex sells« gilt seit Jahrzehnten als schlagkräftige Losung. Wenn nichts mehr geht oder Ideen fehlen, wird darauf zurückgegriffen. Aber funktioniert diese simple Masche auch, wenn es um Flachbildschirme oder Frühstücksmarmelade geht?

Die Losung selbst ist in der Tat durchsetzungsstark. Die tatsächliche Werbewirkung allerdings darf differenzierter betrachtet werden. Denn simpel funktionieren die Abverkäufe mit sexuellen Botschaften sicher nicht. Selbst wenn die sexuellen Reize für sich genommen in Erinnerung bleiben, gilt das nicht in gleicher Weise für das beworbene Produkt. Sex wirbt vor allem für eines: für Sex. Nicht alles Beworbene aber lässt sich mit Sex verbinden und verkaufen, auch wenn zweifelsohne Sexualität im Leben der meisten Menschen eine große Rolle spielt. Frühstücken kann zwar ebenso eine erotische Komponente haben wie das Fernsehen. Die ausschlaggebenden Motive bei der Wahl einer Marmelade oder eines Flachbildschirms sind allerdings andere. Diese gilt es mit der Werbebotschaft anzusprechen und die Marke innerhalb der relevanten Verwendungs- und Entscheidungsmotive mit einem einzigartigen Versprechen zu positionieren.

Gerade bei Frauen kommt sexualisierte Werbung nicht immer positiv an. Allerdings liegt die Ablehnung häufig nicht an der Darstellung der Frau als Sexualobjekt, sondern vor allem daran, dass das beworbene Produkt und Erotik nicht zueinander passen. Im Luxussegment hingegen gibt es durchaus Bereiche, in der erotische Werbung auch bei Frauen Zustimmung erfährt. Wir dürfen also die zum Teil hitzigen Diskussionen um die Sexualisierung getrost außen vor lassen. Denn die konkreten Verwendungsmotive vieler Luxusprodukte lassen sich durchaus mit Erotik verbinden: Dessous, Luxuspflege, Parfum, Schmuck, aber auch ein Großteil der Luxusmode. Luxuspflegeprodukte versprechen zum Beispiel besondere Entspannung, teure Parfums zielen direkt auf die Verführung. Sofern also die Erotisierung in der Werbung und der tatsächliche Verwendungszusammenhang des Produktes übereinstimmen, steigt die Akzeptanz bei den Frauen. Natürlich liefert das Thema »Luxus« hier auch eine kultivierende Deckgeschichte für den vermeintlich »dreckigen« Sex. In ästhetischer Form kann sich diesem Thema leichter gestellt werden. Auch das liefern uns die Märchen im Hintergrund mit: Die Liebe und damit letztlich auch der banale Geschlechtsverkehr läuft immer auf Luxusniveau auf königlicher Ebene zwischen Prinzen und Prinzessinnen in hochherrschaftlichen Schlössern. So aufregend, wie es einmal war, ist das Thema Sex in der Werbung ohnehin nicht mehr. Es stellt kein Tabuthema mehr da, sondern findet sich in unserer medialen Welt an allen Ecken. Es wird oft nur eingesetzt, weil die Werber unbewusst nach Aufregung, Spannung und Bewegendem suchen. Eigentlich aber muss nach dem gesucht werden, was die Menschen in dem jeweiligen Umfeld wirklich erregt: die typischen Konflikte, das Fiese, das Unangenehme und das Böse. Eben all die Themen, die unser Leben und unseren Alltag immer wieder ausmachen. Dass dazu auch Sex gehört, ist unbestritten.

Selbst im Luxussegment, wo es überdurchschnittlich viele Produkte gibt, die der Verführung dienen, ist eine Generalisierbarkeit der Losung »Sex sells« nicht möglich. Bei Luxuskleiderschränken beispielsweise ist die Akzeptanz von erotischer Werbung sehr gering. Hier geht es ums Sortieren, Verstauen und Einrichten. Tätigkeiten, die unverrichteterweise gerade Frauen eher von der Erotik abhalten.

Aber dann gibt es ja noch die Männer. Gerade sie werden gern mit halbnackten Frauen angesprochen. Auf Motorhauben und Yachten oder mit dem begehrten *Pirelli-Reifen*-Kalender. Mit Statussymbolen rechnen sich viele Männer generell mehr Chancen bei den Frauen aus. Ganz falsch ist das auch nicht. Denn mit teuren Luxuslimousinen lässt sich zumindest die finanzielle Potenz zur Schau stellen. Der Erfolg signalisiert manchen Frauen auch heute noch, dass Männer für sie sorgen können. Für die Werbung gilt aber hier fast umgekehrt (im Vergleich zu Luxusprodukten bei Frauen): Je mehr Luxus, umso subtiler muss mit der Erotik umgegangen werden. *Tesla,* Mercedes und *Bentley* mit Bikini-Mädels zu dekorieren, finden die meisten Männer zumindest irritierend. Obwohl sie sicher nichts dagegen hätten, ein hübsches Mädchen durch ihre Statussymbole zu erobern. Subtiler eben. Anders sieht das bei den getunten, tiefergelegten, mit Spoilern, aufgemotzten Felgen und doppeltem Auspuff versehenen Wagen wie GTIs, Opel oder Seat aus. Die Potenz zeigt sich hier weniger im beruflichen Erfolg als vielmehr im geschickten Schrauben, Zerlegen und wieder Zusammenbasteln. Männer, die diese Autos lieben, bezeichnen sie viel unmittelbarer als »geil«. Sie sind manchmal gar eine (in-)direkte Verlängerung des eigenen Geschlechts. Der direkte Zusammenhang zur Sexualität erlaubt dann auch eher die erotischen Schönheiten auf den Hauben. Für die Männer. Diese müssen die Frauen dann, ganz ähnlich wie anhand der *Duplo*-Praline gezeigt,[127] durch ihren geschickten Umgang mit ihrem Auto (alias Geschlechtsteil) überzeugen: beim Schrauben, beim Fahren und beim Polieren. Und sie dürfen auch nicht allzu sehr nach anderen Frauen schielen (die auf den Motorhauben so herumliegen), sondern ihr Können zur Eroberung und Pflege der Einen, nämlich der Ihren einsetzen.

Sex ist also genauso wenig eine Wunderwaffe wie der immer wieder eingeforderte Witz in der Werbung.

Schluss mit lustig: Witzlose Werbung?

Wieso ist in England die Werbung immer so viel witziger? Sind die Deutschen humorlos? Fragt man die Menschen, wollen fast alle lustigere Werbung. Aber wie komisch ist eigentlich witzig? Und wie lustig ist eine Werbung beim zweiten Mal und nach dem ersten Gag? Der witzigste Witz der Welt zum Beispiel ist überhaupt nicht wirklich lustig. Den suchte Professor Richard Wiseman 2001 ein Jahr lang mit seinem Forscherteam im Auftrag der British Association for the Advancement of Sience.[128] Mehr als 40.000 Witze von 350.000 Menschen aus 70 Ländern wurden in dem internetgestützten Projekt »Laugh Lab« gesammelt und ausgewertet.[129] Jeder Teilnehmer gab seinen Lieblingswitz an und beurteilte andere Witze. Kaum ein Witz erhielt von mehr als 25 Prozent der Menschen Zustimmung. Denn schon die Geschlechter bewerten komplett unterschiedlich. Außerdem lachen Amerikaner über Kanadier, Engländer über Iren, Juden über Nicht-Juden, kurz unterschiedliche ethnische, religiöse oder soziale Gruppen haben jeweils einen anderen Sinn für Humor. Vereinend sind wenige Merkmale, wie zum Beispiel ein Überlegenheitsgefühl.[130] Menschen amüsieren sich gern auf Kosten anderer. Aber nur dann, wenn diese anderen im eigenen Umfeld eine Rolle spielen und der Witz aus einer vorher ohnmächtigen Situation eine übermächtige zaubern kann. Daher lachen Autofahrer gern über Politessen, Dunkelhaarige über Blondinen, Mitarbeiter über Chefs. Logischerweise finden es Deutsche nur halb so komisch, über Iren zu lachen wie Engländer. Letztlich war der lustigste Witz der Welt folgender: Zwei Jäger gehen durch den Wald, da bricht der eine plötzlich zusammen. Es sieht aus, als würde er nicht mehr atmen, und seine Augen sind glasig. Der andere zieht sein Handy heraus und wählt den Notruf. »Mein Freund ist tot«, keucht er, »was soll ich tun?«. »Immer mit der Ruhe«, sagt der Mann am anderen Ende. »Erst mal müssen wir genau wissen, ob er tot ist.« Schweigen, dann hört man einen Schuss. Der andere Mann greift wieder zum Telefon und sagt: »Okay, und jetzt?«

Wir merken schon, irgendwie komisch, aber ein richtiger Schenkelklopfer wohl auch nur für wenige: Die Pointe ist fast schon vorhersagbar. Kaum jemandem wird zu nahe getreten. Männer sind nicht gegen Frauen, keine religiöse, ethnische, politische oder andere Gruppe wird ausgegrenzt. Lediglich die vermutlich nicht allzu große Fraktion der Jäger könnte sich aufs Korn genommen fühlen.

Entsprechend schwierig ist das mit dem Witz in der Werbung. Er ist zwar ein mögliches Werbemittel, aber ebenfalls kein Allheilmittel. Allzu häufig bleibt sogar das Lachen im Halse stecken. Und: Nichts ist langweiliger als ein Witz, den man schon kennt. Denn aus psychoanalytischer Sicht lebt ein Witz davon, dass »ein vorbewusster Gedanke für einen Moment der unbewussten Bearbeitung überlassen wird und das Ergebnis dann zum Bewusstsein gelangt«.[131] Etwas vereinfachter ausgedrückt: Für einen Moment deckt der Witz in unserem Seelischen einen strukturellen Zusammenhang auf, den wir in unserem Alltag so nicht immer mitdenken oder erleben. Beim Doppelsinn von Wörtern zum Beispiel. Wenn ein Mitglied nur ein Mann sein kann oder eine Arzthelferin Abstriche im Job machen muss.

In der Werbung macht der Spruch »Wenn ich groß bin, will ich auch Spießer werden« deutlich, welche Attraktivität das Spießige heute haben kann. Ordnung, Sicherheit und ein festes Zuhause sind Seiten, die wir beim Spießigen als Schimpfwort zunächst nicht mitdenken.

https://www.youtube.com/watch?v=2pcE9nLqE2Y

Durch den Werbewitz wird diese eher verborgene Seite deutlich. Damals war uns dieser Aspekt im Alltag eher nicht bewusst. So zeigt der Spießerspruch einen überraschenden, unerwarteten Zusammenhang. Fehlt die Überraschung, weil man die Pointe kennt oder erahnt, wird der Witz meist witzlos. Ein Grund, warum wir dann auch von einem sich ständig wiederholenden Witz in einer Werbung schnell genervt sind. Hingegen schmunzeln immer noch viele über den Berufswunsch des kleinen Mädchens. Nur selten hält sich ein Lächeln aber derart lange. Weil es kaum jemals so gut gelingt, aktuelle Wertvorstellungen, Trends und Zeitgeist mit einem Werbewitz aufzugreifen und einen Dreh zu den eher unbewussten Strukturen zu finden. Die Vereinbarkeit von rebellischem Individuellem und haltgebenden Ordnungen stehen derzeit immer noch hoch im Kurs. Hier stimmte dann auch noch der Zusammenhang zum beworbenen Produkt. Bausparen war etwas aus der Mode geraten, aber die LBS zeigte auf charmante Weise, dass ein Haus die Sehnsucht nach Ordnung und Sicherheit symbolisch in besonderer Weise erfüllt. Zwanghaft nach einem Witz zu suchen, bringt in der Werbung nicht sehr viel. Und witzlose Werbung kann sogar gut funktionieren. Denn sie kann sich das Prinzip des Witzes durch die Märchenanalogien zu Nutze machen: Durch die Ansprache existenzieller Themen und Lebensbedingungen sollte sie neue und einzigartige Zusammenhänge herstellen, die wir so noch nicht gesehen haben, zum Beispiel, wenn es um das Böse geht. Oder darum, wie man als Kleiner auch mal ganz groß werden kann. Auch das Kind in der LBS-Werbung verfolgt im Witz eigentlich eine Märchenanalogie: Der Wunsch, eine kleine Spießerin zu werden, ist der Prinzessinnenwunsch – raus aus dem für sie eher abschreckenden Punkleben in ein Dachwohnungsschlösschen. Die tiefenpsychologische Struktur geht hier weit über das Witzige an sich hinaus – nur daher funktioniert dieser Witz. Ohne einen sinnvollen, märchenanalogen, zeitgemäßen und produktverwendungsspezifischen Zusammenhang ist witzige Werbung witzlos. Wie auch die weltweite Studie von Richard Wiseman eindrücklich zeigt. So gesehen, ist die englische Werbung kaum witziger als unsere – sie nervt genauso schnell. Und wirkt nur dann, wenn sie im Witz die Märchenanalogien mit verfolgt.

Kapitel 7

Tipps für Werbemacher, Werbegucker und Märchenliebhaber

Kann man zum Abschluss vielleicht noch einmal ein paar Grundregeln zusammenfassen? Kann man, aber als Tipps sind sie nur geeignet, wenn man das ein oder andere Kapitel des Buches durchgelesen hat. Sonst würden diese ebenfalls eine längere Geschichte. Und weil ja die Drei im Seelischen eine besondere Zahl ist, wird sich auf drei beschränkt.

Für Werbetreibende:

1. Wissen, was man tut

Bauchgefühl allein reicht nicht. Die aktuellen Werte, deren Einfluss auf unsere wichtigsten Lebensthemen sowie die generellen Verwendungsmotive sollten beinahe alle Werbetreibenden besser kennen. Nur dann weiß man, was man tut und kann berührende Geschichten erzählen. Nur dann kann man auch zeigen, was der echte seelische Mehrwehrt eines Produktes oder einer Marke ist und wie diese hilft, unsere Konflikte, Probleme und Seelenzustände zu vermitteln und zumindest für kurze Momente auszusöhnen. Das heißt nicht, dass man die Menschen knallhart mit ihren Problemen konfrontieren muss. Das tun die Märchen auch nicht. Das heißt aber, dass man weiß, was man auf der Impact-Ebene mitbewegen muss – und auch, wie man das in eine verdauliche märchenhafte Cover-Story bringen kann.

2. Mut zum Märchen

Märchen geben wichtige Hinweise, wie unser Seelisches berührt werden kann. Faszination des Bösen, magische Verwandlungen, Geschichten von den kleinen Helden, die Kraft der magischen Drei, das Happy End und ein Reim zum Mitnehmen können Werbung bedeutsamer machen. Märchenerzählen heißt, auch von den fiesen, bösen und unangenehmen Seiten zu erzählen – in einer Form, die zwar einfach, aber nicht flach ist. Glattgebügelte Werbeglitzerwelten hingegen sind keine Märchen. Märchenprinzipien können auch helfen, Großes zu bewegen, Werte in positiver Weise zu beeinflussen und wirklich bewegende Geschichte(n) zu schreiben. Dazu gehört selbstverständlich auch, dass die Menschen nicht veräppelt werden. Werbung darf Märchen erzählen, aber »Don't shit the consumer« bleibt eine goldene Regel.

3. Geduld haben und dabei bleiben

Geduld fördert Konstanz – und die war wahrscheinlich nie so wertvoll wie heute. Das gilt zum einen für die Laufzeit der Werbespots, die generell zu kurz ist. Auch gute Werbung wird in der Regel viel zu schnell abgesetzt. Dabei funktionieren gute Werbemärchen länger als zwei Jahre. Zwei Jahre allerdings schafft es kaum eine Werbung, überhaupt zu überleben.

Dabeibleiben gilt zum anderen in besonderem Maß für den Reim und das psychologische Rezept. Claims und Jingles bringen, wenn sie gut sind, eine Lösung für unsere seelischen Grundprobleme. Einen guten und etablierten Claim zu ändern, der sich womöglich auch noch reimt, das sollte nur im äußersten Notfall geschehen. Es bleiben dann ohnehin die alten, besseren in den Köpfen. Es gibt allerdings viele Sprüche, auf die man sich keinen Reim machen kann. Hier darf man suchen, finden und dann bleiben.

Für Werbegucker und Märchenliebhaber:

1. Loben hilft – Meckern kaum

Die Menschen müssten über ihren Schatten springen und den Unternehmen mitteilen, wenn ihnen Werbung gefällt. Im Netz, per Post, per Telefon, ganz egal. Negative Kritik ist viel häufiger. So wird manch gute Werbung abgesetzt, weil fünf oder sechs Menschen etwas Negatives schreiben. Umgekehrt wird eine hohe Auseinandersetzung mit einem Thema positiv gewertet. Das heißt, besonders viel Kritik wird als Zeichen für Wirksamkeit gewertet. Dann nervt die Werbung alle – aber es wird geglaubt, man sei auf dem richtigen Weg. Wer mehr Spaß an der Werbung haben will, sollte mitteilen, was ihm gefällt, ihn berührt oder nachdenklich stimmt, damit es mehr davon gibt! Paradoxerweise führt nämlich negative Kritik zu mehr schlechter Werbung!

2. Werben für die Märchen

Jeder, der heute noch gern Märchen liest, sollte auch Werbung für sie machen, damit sie uns nicht verloren gehen.

Sie zu lesen, auch vorzulesen, ist ein gutes Mittel. Auch jedem Zuhörer zu zeigen, dass man aus Märchen nicht herauswachsen, aber jederzeit wieder in sie hineinwachsen kann. Märchen sind ein Schatz für unser Seelisches – und letztlich auch für die Werbung. Auch für unser privates Werben.

3. Werbung anders sehen

Weil wir Geschichten zum Leben brauchen, können uns echte Werbemärchen guttun. Dann manipuliert Werbung uns nicht, sondern ist eine Bereicherung für unser Seelisches. Wir fühlen uns dann auch nicht genötigt, etwas zu kaufen. Anders auf die Werbung zu sehen, heißt zudem mitzubekommen, wo Werbung überall stattfindet – nämlich ständig zwischen allen Menschen. Wir selbst können gar nicht anders. Um etwas zu werben, ist nicht per se schlecht – aber das Wie kann es sein. Das ist es jenseits der industriellen Werbung vor allem auch an Stellen, wo wir gar nicht mit Werbung rechnen: Politik, Kirche oder auch soziale Medien. Wenn wir wissen, dass Werbung überall ist, gehen wir entspannter mit ihr um, sind aber auch achtsamer und vielleicht weniger anfällig für die bisher unbemerkten Manipulationen.

Berührt ...

... haben mich die Menschen, die es mir überhaupt erst ermöglicht haben, meinen Buchtraum zu verwirklichen. Mein persönliches Märchen konnte vor allem wahr werden, weil mein Mann Jens Lönneker mich in jeder Hinsicht unterstützt hat: er hat mir Freiraum geschaffen und mir durch seine bewegenden, ermutigenden und vertiefenden Worte jederzeit das Gefühl gegeben, dass es ein gutes Buch werden könnte.

Meinen Kindern Levy, Lina, Tilman und Nils danke ich von Herzen, nicht nur weil sie auf das ein oder andere Mal Märchenvorlesen verzichten mussten, sondern auch, weil sie während unserer gemeinsamen Abendessen mit ihren wunderbaren Geschichten und Ideen das Buch und den Inhalt bereichert haben.

Rainer Pfuhler hat mich besonders bewegt, weil er jede einzelne Version meines Manuskriptes durchgelesen, kommentiert und mit klugen, motivierenden Anmerkungen versehen hat. Es waren eine Menge Versionen.

Meinen Kollegen und Kolleginnen im *rheingold salon* danke ich für die vielfältigen Ideen, Anregungen, aufmunternden Worte, ganz besonders gilt dieser Dank Brigitte Becker und Christiane Münz.

Meine Freundinnen und Kolleginnen Cornelia Ristau und Claudia Studtmann von der Firma Intersnack haben nicht nur großzügig Texte freigegeben, sondern durch viele Gespräche und Telefonate ihr Interesse und Ihre Vorfreude signalisiert.

Schließlich danke ich meiner Lektorin Ariane Hug, die trotz einiger Widerstände an die Verwirklichung des Projektes und den Buchtitel geglaubt hat und sich mutig mit mir auf den Weg gemacht hat.

Anmerkungen

[1] In diesem Buch wird der Begriff »Seelisches« dem Begriff »Seele«, »Psyche« oder »Charakter» vorgezogen – es folgt damit der Gegenstandsbildung von Wilhelm Salber und seiner Morphologischen Psychologie, dargestellt in *Der psychische Gegenstand*. Seele oder Psyche erinnern eher an eine Instanz, ein separates Etwas, das sich irgendwo lokalisieren lässt. Der Begriff »Seelisches» hingegen ist eine ganzheitliche Beschreibung dessen, was wir empfinden und erleben. Wir können es nicht ein- oder abstellen, es ist immer wirksam und relevant.

[2] Die Morphologische Psychologie beschäftigt sich damit, wie seelische Zusammenhänge sich gestalten und unter anderem auch durch ein ständiges Hin und Her zwischen Ambivalenzen bewegt werden.

[3] Im *rheingold salon* und der *rheingold Gruppe* arbeiten wir mit dem Message Tuner, einem morphologischen Werbewirkungsinstrument, das zwei unterschiedliche Wirkebenen misst. Die Messung von der bewussten Cover-Story und der tiefgründigen Impact-Story hat sich zur Überprüfung von Werbung bewährt. Das Instrument wurde in den letzten 15 Jahren im Wesentlichen von mir entwickelt und im Markt etabliert.

[4] In der Psychologie ist immer wieder von Verwendungs- und Kaufmotiven die Rede. Genau diese Motive müssen in der Werbung mitbewegt werden. Dabei handelt es sich um mehr als Hunger oder Durst oder die Lust auf ein bestimmtes Produkt. In der psychologischen Motivforschung geht man davon aus, dass es unterschiedliche Motive für die Verwendung von unterschiedlichen Süßigkeiten wie Schokolade oder Riegel gibt. Erst recht für unterschiedliche Produktbereiche. In Kapitel 4 Wer mit wem? sind für einige Produktbereiche solche Motive erläutert.

[5] Das Psycho-Experiment von Facebook ging durch die Medien. Forscher manipulierten die Timeline von 310.000 Probanden, unter anderem berichtete die FAZ *http://www.faz.net/aktuell/gesellschaft/facebook-studie-beeinflussung-der-gefuehle-durch-postings-12971860.html*; zuletzt aufgerufen am 05.03.2015. Die Entschuldigung von Facebook-Chefin Sheryl Sandberg zur schlechten Kommunikation über das Experiment

findet sich unter *http://www.faz.net/aktuell/wirtschaft/netzwirtschaft/der-facebook-boersengang/facebook-managerin-sheryl-sandberg-entschuldigt-sich-fuer-psycho-experiment-13024578.html*; zuletzt aufgerufen am 05.03.2015.

[6] Vgl. Watzlawick, Paul u. a.: Menschliche Kommunikation – Formen, Störungen, Paradoxien. Bern 2011, S. 12.

[7] Kardinal Meisner nimmt im Mai 2013 zur Bevölkerungspolitik von Frau Merkel Stellung und vergleicht sie mit Zuständen in der DDR, vgl. *http://www.n-tv.de/politik/Kardinal-Meisner-will-mehr-Muetter-article 10672486.html*; zuletzt aufgerufen am 05.03.2015.

[8] Die Bildzeitung will wissen, wie gut die These von Meisner, Frauen sollten zu Hause bleiben und viele Kinder bekommen, in die heutige Zeit passt. *http://www.bild.de/politik/inland/meisner-joachim/wie-gut-passen-meisners-thesen-in-die-jetzt-zeit-30502886.bild.html;* zuletzt aufgerufen am 05.03.2015.

[9] Vgl. *Milupa rheingold* Mütterstudie: Die Befragung ergab, dass rund 80 Prozent der Frauen vor der Geburt eines Kindes noch glauben, dass der Vater sich genauso gut für die erste Betreuung eignet. Nach der Geburt sind es nur noch rund 20 Prozent. In: Hanisch, Nicole und Imdahl, Ines: Die deutsche Angst vorm Kinderkriegen. Milupa Mütterstudie 2011.

[10] Meisner wird für seine Äußerungen in verschiedenen Medien kritisiert. Zum Beispiel unter *http://www.spiegel.de/panorama/kardinal-meisner-erntet-kritik-mit-aeusserung-ueber-muslimische-familien-a-946138. html;* zuletzt aufgerufen am 05.03.2015.

[11] In einer N24/Emnid-Umfrage »finden nur 38 Prozent der Deutschen die CSU-Haltung übertrieben. (...) Nur 31 Prozent der Unionswähler halten die ›Wer-betrügt-fliegt‹-Doktrin der CSU für ungerechtfertigt.« http://www.n24.de/n24/Nachrichten/Politik/d/4096050/nur-punktuelle-anzeichen-fuer-armutszuwanderung.html; zuletzt aufgerufen am 05.03.2015.

[12] Vgl. Kapitel 1 Werbung überall?; Wir können nicht nicht werben.

[13] Vgl. Kinney, Jeff: Gregs Tagebuch 3. Köln 2009, S. 114ff.

[14] Sendung terra X »Homo Sapiens 2: Die Eroberung der Welt« vom 27.12.2013.

[15] Vgl. Kapitel 5 Wertvolle Werbung; III Heute: Steigerung der Allmacht durch freiwillige Beschränkung.

[16] Fachbegriff für alle mobilen Geräte wie Handys, Smartphones, Tablets; außerdem gibt es »wearables« = tragbare Geräte wie Uhren mit Zusatz- und Internetfunktionen.

[17] Vgl. Bettelheim, Bruno: Kinder brauchen Märchen. München 2013.

[18] Vgl. Ebd., S. 9.

[19] Vgl. Ebd., S. 14.

[20] Vgl. Ebd., S. 14.

[21] Ebd., S. 15.

[22] Vgl. Kapitel 1 Werbung überall; Heimliche Werber: Kirche und Politik.

[23] Vgl. Kapitel 5 Wertvolle Werbung.

[24] Vgl. Salber, Wilhelm: Seelenrevolution. Bonn 1993. Salber analysiert hier wesentliche geschichtliche Epochen im Abgleich mit jeweils besonders treffenden Märchen. In Kapitel 5 Wertvolle Werbung werden bestimmten relevanten Themen unserer Zeit Züge aus bestimmten Märchen zugeordnet, um einzelne Drehs klarer herauszuarbeiten.

[25] Aristoteles, Metaphysik 892b. In: Bonitz, Hermann: Aristoteles' Metaphysik, Philosophische Bibliothek. Hamburg 1978.

[26] Vgl. Bettelheim: Kinder brauchen Märchen, S. 44.

[27] Vgl. Kapitel 2 Die Seele der Märchen; Warum wir die Märchen verdrängen.

[28] Bettelheim: Kinder brauchen Märchen, S. 45.

[29] Fachbegriff aus der Werbung, bezeichnet die konkrete Fürsprache zur Erhöhung der Glaubwürdigkeit der Werbebotschaft für ein Produkt, eine Dienstleistung, eine Idee oder Institution durch eine der Zielgruppe meist bekannte Person.

[30] Vgl. Imdahl, Ines: Kosmetik wirkt nicht, aber was wenn doch? Frankfurt am Main 2013.

[31] Vgl. Kapitel 2 Die Seele der Märchen.

[32] Vgl. Safier, David: Mieses Karma. Reinbek bei Hamburg 2008.

[33] Vgl. Kapitel 3 Was Werbung und Märchen gemeinsam haben; VI Happy bis ans Ende aller Tage.

[34] Vgl. Varendonck, Julien: The psychology of day-dreams. London 1921.

[35] Fachbegriff für ein Symbol, ein Zeichen oder eine Figur, die sinnbildlich für eine Marke steht.

[36] Vgl. Kapitel 3 Was Werbung und Märchen gemeinsam haben; V Die Kraft der magischen Drei.

[37] Vgl. http://www.farbimpulse.de/Lila-der-letzte-Versuch.715.0.html; zuletzt aufgerufen am 05.03.2015.

[38] Die Herstellung der Farbe war ursprünglich sehr teuer, da rund

12.000 Purpurschnecken für nur rund 1,5 Gramm Farbe ausreichten. Vgl. http://de.wikipedia.org/wiki/Purpurschnecke#Kulturgeschichte; zuletzt aufgerufen am 13.03.2015.

[39] Ebd.

[40] Stierhoden werden in den USA als »Prärie-Austern« auch heute noch in der Region der Rocky Mountains gegessen. Ihnen wurden vor allem in der Vergangenheit potenzfördernde Wirkungen zugesprochen. »Das Essen von Stierhoden kann interpretiert werden als der männliche Versuch, sich die Kräfte des Stiers anzueignen. Der Genuss wird zu einer Zelebrierung von Männlichkeit.« Vgl. http://de.wikipedia.org/wiki/Hoden_(Lebensmittel); zuletzt aufgerufen am 05.03.2015.

[41] Sogenannte »Gemeine Figuren« waren auch Menschen, menschliche und tierische Körperteile. Tiere wurden ebenfalls besonders gern in der Wappenheraldik gewählt. Vgl. http://de.wikipedia.org/wiki/Heraldik#Prinzipielle_Gestaltung:_Heroldsbilder_und_gemeine_Figuren; zuletzt aufgerufen am 13.03.2015.

[42] http://www.gutzitiert.de/zitat_autor_albert_einstein_thema_wissenschaft_zitat_22367.html; zuletzt aufgerufen am 05.03.2015.

[43] Vgl. Lönneker, Jens: Der Held hat ausgedient. Geno-Graph 1/2013. S. 24f. und derselbe: Vom Hochmut zur Demut, Fischer's Archiv (6/2012), S. 74f.

[44] Vgl. Ebd.

[45] Vgl. Jullien, François: Über die Wirksamkeit. Berlin 1999.

[46] Lönneker: Von der Hochmut zur Demut, S. 74f.

[47] Vgl. Kapitel 3 Was Werbung und Märchen gemeinsam haben; III Die Geschichten der Helden.

[48] Bei Volkstänzen in Griechenland und auf dem Balkan bringen die Tänzer ihre Partnerinnen auch heute noch in Ekstase, indem sie ihnen schweißgetränkte Taschentücher um die Nase wedeln. Sie nutzen die Kraft von Schweiß und Pheromonen ganz gezielt. Quelle: http://pheromon-versand.de/berichte.html; zuletzt aufgerufen am 05.03.2015.

[49] https://www.youtube.com/watch?v=5l3Ksv4sPX0; zuletzt aufgerufen am 05.03.2015.

[50] Vgl. Kapitel 3 Was Werbung und Märchen gemeinsam haben; V Die Kraft der magischen Drei.

[51] Vgl. Lönneker: Der Held hat ausgedient, S. 24ff. sowie ders.: Neue Helden braucht das Land. In: absatzwirtschaft 2014, S. 7.

[52] Vgl. Lönneker: Vom Hochmut zur Demut, S. 74f.

[53] Hirschhausen, Eckart von: Glück kommt selten allein. Reinbek bei Hamburg 2011, S. 308.

[54] Vgl. Mallet, Carl-Heinz: Kopf ab. München 1990, S. 17ff.

[55] Ebd.

[56] Vgl. Ebd., S. 29.

[57] Vgl. Bettelheim: Kinder brauchen Märchen; und Richter, Jeannine: Grausamkeit in den Kinder- und Hausmärchen der Brüder Grimm. München 2006.

[58] Vgl. Knoch, Linde: Praxisbuch Märchen. Gütersloh 2001, S. 111.

[59] Vgl. Imdahl, Ines: Ruckediku, Bewegung im Schuh. In: Handelsblatt vom 07.10.2013.

[60] Die Studien beziehen sich nur auf den gutsituierten Teil Deutschlands.

[61] https://www.youtube.com/watch?v=NZD-oP_yT8s; zuletzt aufgerufen am 05.03.2015.

[62] Der Werbebegriff wird in der Regel sehr eng gefasst: TV, Print, Radio und Online. Verpackungen oder andere Auftritte gehören in der engen Definition nicht immer dazu.

[63] http://www.lebensmittelzeitung.net/login/login.php?fg=1&url= http%3A%2F%2Fwww%2Elebensmittelzeitung%2Enet%2Fnews% 2Fmarkt%2Fprotected%2FLorenz%2DBahlsen%2Dstartet%2Dspaet %2Din%2Dneues%2DSegment%5F106097%2Ehtml%3Fid%3D 106097; zuletzt aufgerufen am 05.03.2015.

[64] Handelsmarken wie von Edeka oder Biomarken wie *Alnatura* haben viele Produkte mit gleichem Namen auf den Markt gebracht. Die Biozeitschrift *Schrot und Korn* widmet einen ganzen Artikel dem neuen Produkt. Auszüge daraus unter http://schrotundkorn.de/er naehrung/lesen/bio-chips-lasst-es-krachen.html; zuletzt aufgerufen am 05.03.2015. Zum Kopieren vgl. Kapitel 3 Was Werbung und Märchen gemeinsam haben; V Die Kraft der magischen Drei.

[65] Vgl. Dutton, Kevin: Psychopathen. Was man von Heiligen, Anwälten und Serienmördern lernen kann. München 2013.

[66] Bezieht sich auf eine *rheingold*-Studie.

[67] http://www.handelsblatt.com/politik/deutschland/deutscher-straf-vollzug-jeder-dritte-jurastudent-fordert-todesstrafe/11035754.html; zuletzt aufgerufen am 05.03.2015.

[68] http://www.jochenolbrich.homepage.t-online.de/MagischeDrei.htm; zuletzt aufgerufen am 05.03.2015.

[69] Vgl. Mallet, Carl-Heinz: Die zweite und die dritte Nacht im Märchen. Das Gruseln. In: Dührssen, Annemarie und Schwidder, Werner: Praxis der Kinderpsychologie und Kinderpsychiatrie. Göttingen 1965.

[70] Vgl. Becker, Gloria: Kontrolle und Macht. Psychologische Analysen unserer märchenhaften Wirklichkeit. Bonn 2010, S. 22.

[71] Vgl. http://www.internetloge.de/arstzei/jw_magische_drei.pdf; zuletzt aufgerufen am 05.03.2015.

[72] Freud, Sigmund: Das Motiv der Kästchenwahl. In: Studienausgabe Band 10, Bildende Kunst und Literatur. Frankfurt am Main 1970, S. 181, 183–193.

[73] Ein Begriff aus der Gestaltpsychologie, mit dem sich insbesondere auch Wilhelm Salber und Herbert Fitzek beschäftigen. Das Seelische organisiert sich demnach weniger in festen und starren Gestalten als vielmehr im Unfertigen und Vorläufigen. Etwas Perfektes wie eine Gestalt lässt sich kaum dauerhaft halten und ist ständig in Verwandlungen begriffen.

[74] Im Märchen vom *Fischer und seiner Frau* heißt es »Meine Frau, die Ilsebill, die will nicht so wie ich gern will«, wenn der Butt (der Fisch) einen neuen Wunsch erfüllen muss.

[75] https://www.youtube.com/watch?v=3Cx2MCVueIg; zuletzt aufgerufen am 05.03.2015.

[76] Vgl. Kapitel 3 Was Werbung und Märchen gemeinsam haben; I Spieglein, Spieglein an der Wand.

[77] https://www.youtube.com/watch?v=cFB0XBV6JdU; zuletzt aufgerufen am 05.03.2015.

[78] Generell tun sich derzeit auch höherwertige Printmedien schwer, Werbeanzeigen zu generieren. Durch den Social-Media-Hype glauben viele, dass Print nicht mehr wirkt oder vom Aussterben bedroht ist. Vgl. hierzu auch Kapitel 6 Lust auf Mär?

[79] Vgl. http://www.welt.de/gesundheit/psychologie/article5393400/Warum-der-Mensch-zur-Schadenfreude-neigt.html; zuletzt aufgerufen am 05.03.2015.

[80] https://www.youtube.com/watch?v=arIdm8sPbQo; zuletzt aufgerufen am 05.03.2015.

[81] Vgl. *rheingold* Luxus-Studie: Von der Notwendigkeit des Überflüssigen. In: Welt am Sonntag 2008.

[82] https://www.youtube.com/watch?v=FNZyCK1HwXM; zuletzt aufgerufen am 05.03.2015.

[83] Ein Fachbergriff der Werbebranche, der immerhin schon den Fo-

kus auf gute Geschichten legt, aber meist den Tiefgang nicht berücksichtigt.

[84] Am Ende des Buches findet sich eine Übersicht mit den sechs wichtigen Märchenprinzipien, die sich für die Werbung nutzen lassen.

[85] Vgl. Kapitel 2 Die Seele der Märchen und Kapitel 4 Wer mit wem?

[86] Der *rheingold salon* sowie die *rheingold Gruppe* befragen jährlich
mehrere 100 Frauen für Wasch- und Putzmittelkonzerne zum Thema
Putzen. In einer Eigenstudie von *rheingold salon* zum Thema Werbewirkung bei Frauen wurde darüber hinaus speziell diese Wirkung er-
fasst.

[87] Das sind Testverfahren, die vor der Werbeschaltung und zur Entwicklung eines Werbefilms eingesetzt werden.

[88] *Monster Hunter* ist eines der beliebtesten Konsolen-Spiele bei Jugendlichen. Hier zeigen die Kinder kein Mitleid mit den Monstern;
das Spiel folgt einer klaren Einteilung zwischen Gut und Böse.

[89] Vgl. Kapitel 3 Was Werbung und Märchen gemeinsam haben; III
Die Geschichten der Helden.

[90] Vgl. Ebd.

[91] Vgl. Kapitel 3 Was Werbung und Märchen gemeinsam haben; VI
Happy bis ans Ende aller Tage.

[92] Vgl. Kapitel 3 Was Werbung und Märchen gemeinsam haben; IV
Faszination des Bösen.

[93] https://www.youtube.com/watch?v=zdskZXFTF3I; zuletzt aufgerufen am 05.03.2015.

[94] Joseph Campbell ist 1987 verstorben. Er katalogisierte in seinem
Buch die Mythen der Welt. Vgl.: Campbell, Joseph: Die Kraft der Mythen. Düsseldorf 2007.

[95] Vom Hunger nach spiritueller Nahrung; Über die Macht der Mythen in modernen Medien. Sendung auf: Deutschlandradio Kultur;
08.12.2014

[96] Vgl. *Burda rheingold* Venus-Studie: V.E.N.U.S. Frauen sind anders.

[97] Originalzitat aus Energie-Studien des *rheingold salon*.

[98] Vgl. Kapitel 3 Was Werbung und Märchen gemeinsam haben; V
Die Kraft der magischen Drei.

[99] Sigmund Freud hatte in *Totem und Tabu* das Haarabschneiden als
symbolische Kastration gedeutet. Einige Autoren sind ihm später darin gefolgt und haben im Zopf einen Penisersatz gesehen. Andere
wiederum haben Zöpfe als Symbol der Jungfräulichkeit und das Auf-
flechten beziehungsweise Abschneiden des Zopfes als Symbol der

Entjungferung interpretiert. Auch wenn es hier nur ein Versteck ist, scheint es doch in Kombination mit dem Eindringen in die Gemächer naheliegend, dass es sich hier um eine symbolische Entjungferung handelt.

Vgl.: Freud, Sigmund: Totem und Tabu. In: Studienausgabe Band 9, Fragen der Gesellschaft – Ursprünge der Religion. Frankfurt 1974, S. 436.

[100] Vgl. *rheingold*-Studien zur Schokolade von Jens Lönneker. In: Zielgruppe war gestern. Mit Verfassungsmarketing zur strategischen Einordnung von Kauf- und Konsumverhalten. Hrsg. von Halfmann, Marion. Wiesbaden 2014.

[101] Vgl. Kapitel 3 Was Werbung und Märchen gemeinsam haben; I Spieglein, Spieglein an der Wand.

[102] Vgl. Kapitel 1 Werbung überall?

[103] Eine Übersicht dazu, welche Märchenprinzipien sich für welche Produktbereiche besonders gut eignen, findet sich am Ende des Buches.

[104] http://www.cs-schreiber.ch/html/farbbedeutung.html; zuletzt aufgerufen am 05.03.2015.
Oder hier http://www.lichtkreis.at/html/Wissenswelten/Welt_der_Farben/welt-der-farben.htm oder http://www.mara-thoene.de/html/farbensymbolik.html; zuletzt aufgerufen am 05.03.2015.

[105] Vgl. Salber: Seelenrevolution.

[106] In diesem Buch werden nur Märchen ausgewählt, die allgemein bekannt sind. Oftmals gibt es weniger bekannte, durchaus noch treffendere Märchen, die aber dann hier zum Verständnis nacherzählt werden müssten. Dies würde den Rahmen des Buches sprengen.

[107] Vgl. Imdahl, Ines und Lönneker, Jens: Neue Wirkmuster in der Printwerbung von Publikumszeitschriften. In: Werbewirkung/Werbeerfolg: Schriften des ICW Band 2, Die Bild-Sprache der Werbung – und wie sie wirkt. Projektion aus den Blickwinkeln dreier Analysemethoden. Hrsg. von Dierks, Sven und Hallemann, Michael. Hamburg 2005.

[108] Freud beschreibt in *Jenseits des Lustprinzips*, wie ein Kind den Weggang seiner Eltern passiv-ohnmächtig erdulden muss und dieses Passive ins Aktive umdreht und fortan eine Spule aus dem Bett wirft (aktiv trennen) und sie immer wieder zu sich zieht. Die Ohnmacht wird »gedreht« und wieder kontrolliert. Vgl. Freud, Sigmund: Jenseits des Lustprinzips. In: Studienausgabe Band 3, Psychologie des Unbewußten. Frankfurt am Main 1975, S. 224–227.

[109] Vgl. Kapitel 4 Wer mit wem?; III Schöpfungswahn und Verwandlungsmagie.

[110] Imdahl, Ines und Lönneker, Jens: Neue Wirkmuster in der Printwerbung von Publikumszeitschriften. In: Werbewirkung/Werbeerfolg: Schriften des ICW Band 2, Die Bild-Sprache der Werbung – und wie sie wirkt. Projektion aus den Blickwinkeln dreier Analysemethoden. Hrsg. von Dierks, Sven und Hallemann, Michael. Hamburg 2005.

[111] Vgl. Kapitel 3 Was Werbung und Märchen gemeinsam haben; VI Happy bis ans Ende aller Tage.

[112] Vgl. Salber: Märchenanalyse. Bonn 1999, S. 71.

[113] Thomas Koch in seiner Kolumne vom 29. April 2014. http://www.wiwo.de/unternehmen/dienstleister/werbesprech-in-der-werbung-greift-der-liebes-virus-um-sich-seite-all/9813902-all.html; zuletzt aufgerufen am 05.03.2015.

[114] Vgl. Breitschuh, Daniela und Imdahl, Ines: Neue MoRAL. In: RAL-Studie zur Moral 2011.

[115] Vgl. http://www.hochschule-heidelberg.de/fileadmin/srh/heidelberg/pdfs/an_institute/mill_institut/Ergebnisdossier_Freiheitsindex_Deutschland_2014_John_Stuart_Mill_Institut.pdf; zuletzt aufgerufen am 05.03.2015.

[116] Vgl. http://www.faz.net/aktuell/politik/inland/glueck-will-blasphemiegesetz-nicht-wegen-paris-attentat-aendern-13369292.html; zuletzt aufgerufen am 05.03.2015.

[117] Vgl. Kapitel 4 Wer mit wem?; III Schöpfungswahn und Verwandlungsmagie.

[118] Vgl. Breitschuh/Imdahl: Neue MoRAL.

[119] Vgl. Mergelsberg, Sarah u. a.: Morphologische Wirkungsanalyse »Veganes Leben«. Unveröffentlichte Studie. Köln 2014.

[120] https://www.youtube.com/watch?v=DrReerRArNA; zuletzt aufgerufen am 05.03.2015.

[121] Vgl. Kapitel 5 Wertvolle Werbung.

[122] Vgl. Kapitel 3 Was Werbung und Märchen gemeinsam haben; IV Faszination des Bösen.

[123] http://www.wuv.de/blogs/mrmedia/nehmt_den_onlinern_die_werbung_weg; zuletzt aufgerufen am 05.03.2015.

[124] Seeding heißt eigentlich sähen und dient dazu, Inhalte im Netz durch das Senden an die richtigen Nutzer schnell zu verbreiten. Ziel ist eine freiwillige Verbreitung, daher halten sich die Unternehmen und Produkte im Hintergrund. Es soll um die Inhalte gehen. Allerdings sind hier eben schon einige Agenturen in Misskredit geraten,

die das Instrument mangels interessanter Inhalte zu manipulativ einsetzen.

[125] http://www.wuv.de/blogs/mrmedia/nehmt_den_onlinern_die_werbung_weg; zuletzt aufgerufen am 05.03.2015.

[126] Vgl. Einleitung, Wie man die Werbung auf die Couch legt.

[127] Vgl. Kapitel 4 Wer mit wem?; V Qual der Wahl.

[128] Vgl. Wiseman, Richard: Quirkologie. Die wissenschaftliche Erforschung unseres Alltags. Frankfurt am Main 2008, S. 188.

[129] Vgl. Ebd., S. 229.

[130] Vgl. auch Kapitel 3 Was Werbung und Märchen gemeinsam haben; VI Happy bis ans Ende aller Tage.

[131] Freud, Sigmund: Der Witz und seine Beziehung zum Unbewussten. In: Studienausgabe Band 4, Psychologische Schriften. Frankfurt am Main 1970, S. 9–219.

Literaturverzeichnis

Aristoteles, Metaphysik 892b. In: Bonitz, Herman: Aristoteles' Metaphysik. Philosophische Bibliothek. Hamburg 1978.

Becker, Gloria: Kontrolle und Macht. Psychologische Analysen unserer märchenhaften Wirklichkeit. Bonn 2010.

Bettelheim, Bruno: Kinder brauchen Märchen. München 2013.

Breitschuh, Daniela und Imdahl, Ines: Neue MoRAL. In: RAL-Studie zur Moral 2011.

Burda rheingold Venus Studie V.E.N.U.S. Frauen sind anders.

Campbell, Joseph: Die Kraft der Mythen. Düsseldorf 2007.

Dutton, Kevin: Psychopathen. Was man von Heiligen, Anwälten und Serienmördern lernen kann. München 2013.

Freud, Sigmund: Das Motiv der Kästchenwahl. In: Studienausgabe Band 10, Bildende Kunst und Literatur. Frankfurt am Main 1970.

Freud, Sigmund: Der Witz und seine Beziehung zum Unbewussten. In: Studienausgabe Band 4, Psychologische Schriften. Frankfurt am Main 1970.

Freud, Sigmund: Jenseits des Lustprinzips. In: Studienausgabe Band 3, Psychologie des Unbewußten. Frankfurt am Main 1975.

Freud, Sigmund: Totem und Tabu. In: Studienausgabe Band 9, Fragen der Gesellschaft – Ursprünge der Religion. Frankfurt am Main 1974.

Hanisch, Nicole und Imdahl, Ines: Die deutsche Angst vorm Kinderkriegen. Milupa Mütter-Studie 2011.

Hirschhausen, Eckart von: Glück kommt selten allein. Reinbek bei Hamburg 2011.

Imdahl, Ines: Facebook your thoughts. Warum Facebook unser strukturelles Denken und Handeln beeinflusst. In: planung & analyse 2011.

Imdahl, Ines: Kosmetik wirkt nicht, aber was wenn doch? Frankfurt am Main 2013.

Imdahl, Ines: Ruckediku, Bewegung im Schuh. In: Handelsblatt vom 07.10.2013.

Imdahl, Ines und Lönneker, Jens: Neue Wirkmuster in der Printwerbung von Publikumszeitschriften. In: Werbewirkung/Werbeerfolg: Schriften des ICW Band 2, Die Bild-Sprache der Werbung – und wie sie wirkt. Projektion aus den Blickwinkeln dreier Analysemethoden. Hrsg. von Dierks, Sven und Hallemann, Michael. Hamburg 2005.

Jullien, François: Über die Wirksamkeit. Berlin 1999.

Kinney, Jeff: Gregs Tagebuch 3. Köln 2009.

Knoch, Linde: Praxisbuch Märchen. Gütersloh 2001.

Lönneker, Jens: Der Held hat ausgedient. In: Geno-Graph 1/2013.

Lönneker, Jens: Neue Helden braucht das Land. In: absatzwirtschaft 2014.

Lönneker, Jens: Vom Hochmut zur Demut. In: Fischer's Archiv 6/2012.

Mallet, Carl-Heinz: Die zweite und die dritte Nacht im Märchen. Das Gruseln. In: Dührssen, Annemarie und Schwidder, Werner: Praxis der Kinderpsychologie und Kinderpsychiatrie. Göttingen 1965.

Mallet, Carl-Heinz: Kopf ab. München 1990.

Mergelsberg, Sarah u. a.: Morphologische Wirkungsanalyse »Veganes Leben«. Unveröffentlichte Studie. Köln 2014.

rheingold Luxus-Studie: Von der Notwendigkeit des Überflüssigen. In: Welt am Sonntag 2008.

rheingold Studien zur Schokolade von Jens Lönneker. In: Zielgruppe war gestern. Mit Verfassungsmarketing zur strategischen Einordnung von Kauf- und Konsumverhalten. Hrsg. von Halfmann, Marion. Wiesbaden 2014.

Richter, Jeannine: Grausamkeit in den Kinder- und Hausmärchen der Brüder Grimm. München 2006.

Safier, David: Mieses Karma, Reinbek bei Hamburg 2008.

Salber, Wilhelm: Der psychische Gegenstand. Bonn 1965.

Salber, Wilhelm: Seelenrevolution. Bonn 1993.

Salber, Wilhelm: Märchenanalyse. Bonn 1999.

Varendonck, Julien: The psychology of day-dreams. London 1921.

Watzlawick, Paul u. a.: Menschliche Kommunikation – Formen, Störungen, Paradoxien. Bern 2011.

Wiseman, Richard: Quirkologie. Die wissenschaftliche Erforschung unseres Alltags. Frankfurt am Main 2008.